データを読みとく

［著者］
中川重和・森　裕一
黒田正博・柳貴久男
安田貴徳・大熊一正
小野舞子

DATA
LITERACY

学術図書出版社

はじめに

本書は，著者らが岡山理科大学にて令和 3 年よりおこなってきた初年次学生対象の基盤教育科目「データを読みとく」の講義内容に基づくもので，AI 戦略 2019 のもと文部科学省が推進している「数理・データサイエンス・AI 教育プログラム認定制度」（リテラシーレベル）のモデルカリキュラム（の「基礎」）に準拠したものである．

本書の構成と特徴

本書は，半期（90 分 15 回）の講義に使用できるよう，全 11 章と付録から構成されている．つまり，11 章と付録が 12 回分の講義，そして，残り 3 回を演習とすることを想定している．

各章末には，2 種類の演習問題を配置し，学習者への便宜を図っている．演習問題 A は，学習内容を即座に確認できるような基礎的問題である．演習問題 B は，学習内容を実践的な場面で応用できるよう，主に統計検定®3 級※1 の過去問題のなかから厳選した問題である※2．

本書の特徴の 1 つは，各章が課題解決型の構成となっていることである．

(1) 各章の冒頭には，その章での典型的な問題を提示している．このことにより，学習者はその章の目標を明確に把握することができる．

(2) 冒頭の問題に対する解説記事は，本文中の適切な箇所に「囲み記事」として強調して配置されている．このことにより，学習者は課題解決へのヒントを容易に得ることができる．

(1)，(2) により，学習者自らが積極的に課題解決に取り組む意識をもちながら本書を読み進めることができるであろう．

※1 統計検定®は一般財団法人統計質保証推進協会の登録商標です．統計検定®の問題の著作権は一般財団法人統計質保証推進協会に帰属しています．無断で複製・改変・公開および配布することを禁止します．

※2 一般財団法人統計質保証推進協会が定める「統計検定の問題の使用に関する規約」に基づき，使用許諾を得ている．

本書を用いた学習の進め方

次の手順で学習することが望ましい．

1. 各章の冒頭問題を眺め，この章で学ぶべき事柄（課題）を具体的にイメージする．この段階では問題が解けなくてもよい．
2. 冒頭問題との関連を意識しながら，本文を熟読する．
3. 解説の「囲み記事」に到達したら，自力で冒頭問題を解き，解答を確認する．
4. 章末の演習問題 A および B に取り組む．解答が正しいかどうかを確認するだけではなく，巻末の解説を必ず読む．
5. 再度冒頭の問題に取り組む．この段階では確実に正解を導けるようになること．
6. すべての章で 1〜5 を繰り返す．

なお，専用のノートを用意し，数式や重要事項などを書き写しながら，本文を読み進めて欲しい．また，数値計算の必要な場面では，統計ソフトウェアの積極的な活用が望ましい．

謝辞

原稿を閲読され，誤植等をご指摘くださいました岡山理科大学の牧祥先生，奥村英則先生，平松直哉先生，札幌大学の片山浩子先生に感謝申し上げます．また，松江市立第三中学校教論の柘植守先生と島根県立松江南高等学校教論の内田勇貴先生は，中等教育と高等教育の接続の視点から本書をより良くするためのアドバイスをくださいました．ここに感謝申し上げます．最後になりますが，本書の企画から校正まで一方ならぬお世話いただきました学術図書出版社の貝沼稔夫氏に感謝申し上げます．

2024 年 8 月

著者一同

本書で用いる記号

記号	意味
$(x_1, x_2, \ldots, x_n)$	大きさ n の観測値（データ）
$\overline{x}$	変量 x に関する観測値（データ）の平均値
$x_{(1)}, x_{(2)}, \ldots, x_{(n)}$	順位データ
x_{me}, M	中央値
x_{mo}	最頻値
Q_1, Q_3	第 1 四分位数，第 3 四分位数
IQR	四分位範囲
s^2 $({s_x}^2, {s_y}^2, {s_z}^2)$	分散
s (s_x, s_y, s_z)	標準偏差
s_{xy}	x と y の共分散
r_{xy}	x と y の相関係数
R^2	決定係数
$\hat{\alpha}$, $\hat{\beta}$	回帰直線の定数項 α と回帰係数 β の推定値
$r_{xy.z}$	変量 z の影響を取り除いた変量 x と y の偏相関係数
$\mathrm{Pr}(A)$	事象 A の確率
$\mathrm{E}[X], \mathrm{V}[X]$	確率変数 X の平均，分散
$(X_1, X_2, \ldots, X_n)$	大きさ n の標本
$X_1, X_2, \ldots, X_n \overset{\mathrm{iid}}{\sim} F$	確率変数 $X_1, X_2, \ldots, X_n$ は独立かつ， 各 X_i は同一の確率分布 F に従う
$\overline{X}$	標本平均 $\overline{X} = \dfrac{1}{n}\displaystyle\sum_{i=1}^{n} X_i$
$\mathrm{Be}(p)$	成功確率 p のベルヌーイ分布
$\mathrm{B}(n, p)$	試行回数 n，成功確率 p の二項分布
$\mathrm{N}\left(\mu, \sigma^2\right)$	平均 μ，分散 σ^2 の正規分布
$\phi(x)$	標準正規分布の確率密度関数
$\Phi(x)$	標準正規分布の分布関数
z_α	標準正規分布の上側 α 点
H_0, H_1	帰無仮説，対立仮説
$\mathrm{t}(n)$	自由度 n の t 分布
$t_\alpha(n)$	自由度 n の t 分布の上側 α 点
$[a, b)$	半開区間 $\{x \mid a \leq x < b\}$
$[a, b]$	閉区間 $\{x \mid a \leq x \leq b\}$

目　次

1　データ分析の基礎知識

問 1.1　データの種類

スマートフォン（スマホ）に関する次のようなアンケート調査がある．それぞれの問で得られる情報が質的変数であるものには●，量的変数であるものには□をつけるとき，その正しい組合せとして，下の①～⑤のうちから最も適切なものを一つ選べ．

〔1〕　スマホの会社（キャリア）を選んでください．
　　1. A 社　　2. B 社　　3. C 社

〔2〕　初めてスマホを持ったのは何年ですか．　（西暦　　年）

〔3〕　いまお持ちの機種に満足していますか．
　　1. とても満足　　2. 少し満足　　3. 少し不満足　　4. とても不満足

〔4〕　スマホでゲームをする時間は 1 日平均何時間ですか．　(　　分)

① 〔1〕●　〔2〕●　〔3〕□　〔4〕□
② 〔1〕□　〔2〕●　〔3〕□　〔4〕●
③ 〔1〕●　〔2〕□　〔3〕●　〔4〕□
④ 〔1〕□　〔2〕●　〔3〕●　〔4〕●
⑤ 〔1〕□　〔2〕●　〔3〕□　〔4〕□

問 1.2　グラフの特性

下の図は，ある講義の受講者 84 名についてまとめたものである．合格者は全員最終試験を受験している．この図から読み取れることとして，次の I～III の記述を考えた．

I.　合格者はおよそ 36 名である．
II.　最終試験を受験した学生は全体の 70% 以上である．
III.　最終試験を受験した学生だけで考えると，不合格者は 40% 以下である．

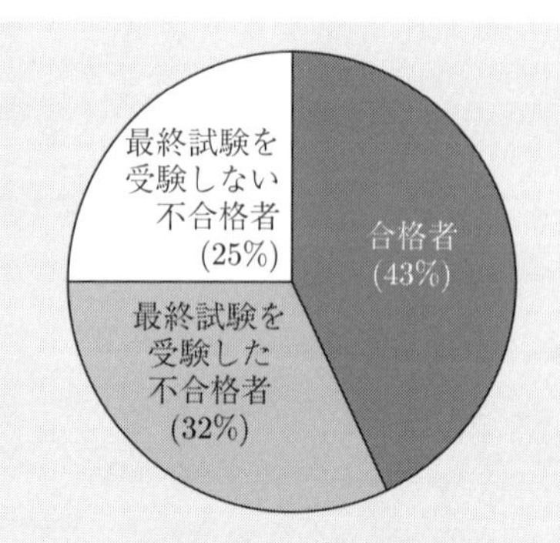

このI〜IIIの記述に関して，次の①〜⑤のうちから最も適切なものを一つ選べ．

① Iのみ正しい　② IIのみ正しい　③ IIIのみ正しい
④ IとIIのみ正しい　⑤ IIとIIIのみ正しい

1.1 データの種類

1.1.1 データとデータ分析

統計とは，一般に，「集団」の「傾向」や「性質」を「数量的」に明らかにすることをいう．ここで，「集団」とは，人の集まりだけでなく，植物や気象などの自然現象，日々作り出される製品，センサーが毎秒報告してくる測定内容なども対象とする．この対象一つひとつのことを**個体**やケースとよび，個体の傾向や性質を測定する項目のことを**変数**あるいは**変量**とよぶ．そして，その変数について実験や調査によって集められた資料（それらは，文字や記号や数値などで表現される）のことを**データ**とよぶ．なお，「数量的」というのは，単に数値だけで示すのではなく，グラフから読み取れる傾向や分布の広がり具合，2つの値の関係なども含めて考察することを指す．

たとえば，スマートフォンに関してアンケート調査をしたとする．得られた回答は，図1.1のように整理することが多い．縦方向に個体，横方向に変数を配置し，各セルにそれぞれの値（データ）を入れた構造をもった表形式である．すなわち，各個体のデータを見る場合は横に，各変数のデータを見

ID	性別	スマホのキャリア	初購入年	1日平均使用時間（分）		機種満足度
				SNS	ゲーム	
M21001	男	A社	2021	50	30	少し不満
M21002	男	A社	2022	50	30	大変満足
M21003	男	A社	2022	10	120	少し満足
M21004	女	C社	2018	0	0	大変満足
M21005	女	A社	2021	60	0	大変満足
M21006	女	C社	2021	30	0	少し不満
M21007	男	A社	2019	0	0	少し満足
M21008	女	C社	2022	100	150	大変満足
M21009	男	B社	2022	60	0	少し不満
M21010	女	A社	2020	120	60	少し満足
M21011	女	C社	2022	40	30	少し満足
M21012	女	B社	2017	70	30	少し満足
M21013	男	A社	2020	80	150	少し不満
M21014	女	A社	2022	70	60	少し満足
M21015	男	C社	2022	70	180	少し満足
M21016	女	B社	2019	10	60	少し満足
M21017	男	A社	2020	60	120	大変満足
M21018	男	A社	2015	60	120	少し満足
M21019	女	その他	2020	40	30	少し満足
M21020	女	C社	2022	10	120	少し不満
M21021	女	B社	2018	30	0	大変不満
M21022	女	その他	2021	60	45	少し満足
M21023	男	A社	2019	120	30	大変満足
M21024	女	B社	2020	0	30	少し満足
M21025	男	A社	2021	30	60	少し不満
M21026	女	B社	2021	0	90	少し不満
M21027	男	B社	2018	60	120	大変不満
M21028	女	C社	2021	30	90	少し満足
M21029	男	A社	2021	0	180	少し不満
M21030	男	A社	2020	10	90	大変満足

図 1.1　データの例（スマホ利用調査）

る場合は縦に値を追っていけばよい（図 1.2 も参照）．これをもとに，男女の数やキャリアの数を数えたり，使用時間の平均値を求めたり，グラフを描くなどして，集団の特徴を捉えていく．

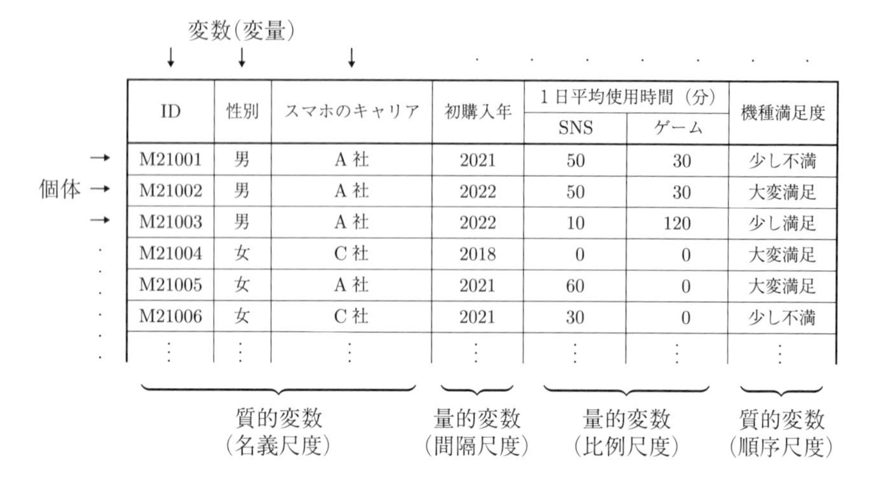

ID	性別	スマホのキャリア	初購入年	1日平均使用時間（分）		機種満足度
				SNS	ゲーム	
M21001	男	A社	2021	50	30	少し不満
M21002	男	A社	2022	50	30	大変満足
M21003	男	A社	2022	10	120	少し満足
M21004	女	C社	2018	0	0	大変満足
M21005	女	A社	2021	60	0	大変満足
M21006	女	C社	2021	30	0	少し不満
⋮	⋮	⋮	⋮	⋮	⋮	⋮

図1.2　個体と変数（変量）

1.1.2　質的データと量的データ

データが得られると集計することになるが，その際，データの種類を理解しておく必要がある．たとえば，スマホゲームをする時間なら平均値を求めるが，スマホのキャリア（A社，B社，C社，その他）では平均値は求めない（計算自体できない）．データの種類に応じて集計の仕方も変わってくる．

スマホのキャリア，機種の満足度のように，複数の分類（カテゴリ）のなかのどれか1つに該当するようなデータのことを**質的データ**あるいは**カテゴリカルデータ**といい，質的データを値にとる変数のことを**質的変数**という．A社を1，B社を2，⋯としたり，とても満足を4，少し満足を3，⋯とするなど，カテゴリを数で表すこともあるが，それは単なる数字（コード）であり，量的な大きさはもっていない．

一方，西暦やスマホゲームをする時間など，数値で与えられるものを量的データという．**量的データ**を値にとる変数のことを**量的変数**という．量的変数には，間の飛んだ値（整数値）しかとらない**離散変数**と，連続した値をとる**連続変数**がある．前者には，個数，枚数，人数，日数など，後者には，長さ，重さ，広さ，時間などがある．

1.1.3　測定尺度によるデータの種類

データを測定する尺度には，名義，順序，間隔，比例の 4 つがある．前の 2 つは質的データの尺度であり，後ろの 2 つは量的データの尺度である．

名義尺度は，名義，すなわち，名前やラベルを割り当てる尺度であり，性別，ID 番号，スマホのキャリアなど，対象を識別する機能をもつ．加法や減法は適用できず，許されるのはカテゴリの度数（頻度）を数えることだけである．

順序尺度は，順序のあるカテゴリにあてはめる尺度であり，満足度，企業の格付け，マラソンの順位などである．順位を数値で表すことはできるが，カテゴリ間の差は等間隔であるとは限らない．名義尺度と同様，度数の数え上げのみ許される．

この 2 つの質的尺度は，ともにカテゴリにあてはめるが，名義尺度はそのカテゴリに順序がない場合，順序尺度は順序がある場合と区別ができる．

間隔尺度は，順序に加え，各値の間隔に意味がある（差が等間隔である）尺度であり，西暦，摂氏温度，偏差値などがある．摂氏温度を例にすると，20°C と 30°C の差 10 度と 30°C と 40°C の差 10 度は同じ変化量を示す．しかし，40°C は 20°C の 2 倍の温度ということはできない．したがって，加法と減法は可能で，乗法と除法は許されない．また，摂氏と華氏，西暦と和暦のように変換が可能である．摂氏 0 度や西暦 0 年のように 0 は存在するが，それは「無い」という絶対的な値（絶対零点）を意味するのはでなく，相対的な位置を示すものである．

比例尺度は，さらに，比に意味がある（比例関係が成り立つ）尺度であり，身長，体重，面積，時間，年収などがそれにあたる．たとえば，時間であれば，0 分（絶対零点）があり，40 分は 20 分の 2 倍，80 分は 40 分の 2 倍，80 分は 20 分の 4 倍（= 2 倍 × 2 倍）であることが成り立つ．四則はすべて可能となる．

この 2 つの量的尺度は，上に示したとおり，原点である絶対的な 0 が存在するかどうかで区別ができる．

先のスマホ利用調査の各変数の尺度は，図 1.2 のようになる．

以上をまとめると，表1.1のようになる．

表1.1 変数のとる値による分類

質／量	測定尺度	性質など		演算など		
				順序	加減	乗除
質的	名義	対象（の性質）を区別	数が割り振られてもそれは単なるコード：性別，背番号，商品番号，メーカー名 など	×	×	×
	順序	対象の大小・強弱などの順序関係を区別	数が割り振られてもそれは順序のみ（間隔に意味はない）：満足度，等級，競争順位 など	○	×	×
量的	間隔	対象の量的な大きさを測る	値は等間隔（差に意味をもつ＝絶対零点がない）：摂氏温度，西暦年号，偏差値 など	○	○	×
	比例	対象の量的な大きさを測る	値に比例関係が成立（比にも意味をもつ＝絶対零点が存在）：身長，体重，時間，年収 など	○	○	○

1.1.4 その他の分類

質的変数，量的変数以外にも，用いる変数が1つの場合を1変量データ（1変数データ，1次元データ），2つの場合を2変量データ（2変数データ，2次元データ）とよぶこともある．一般に，複数の変数がある場合，多変量データ（多変数データ，多次元データ）とよび，その解析手法を多変量解析とよぶ．

1次データ，2次データという分類もある．**1次データ**とは，自らが特定の目的のために新しく収集したデータのことで，**2次データ**とは，自己または他者が事前に収集したデータのことである．調査会社が収集したデータや官公庁などの公的機関が公開しているオープンデータは2次データである．

ビッグデータを扱う昨今では，形式が定型でないデータも分析対象となる．図1.1のような2次元の表形式になっているか，データの一部を見ただけで2次元形式への変換が可能なデータを**構造化データ**とよび，データ内に規則性に関する区切りがなく，データ（の一部）を見ただけでは2次元形式に変換できないデータ（規則性のない文章，音声，画像など）を**非構造化データ**とよぶ．

問 1.1 の解説

1.1.2 項で解説しているとおり，複数の分類（カテゴリ）のどれかに該当するデータであるスマホのキャリア（〔1〕）と機種の満足度（〔3〕）は質的変数であり，数値で与えられるデータである西暦（〔2〕）やスマホゲームの時間（〔4〕）は量的変数である．したがって，正解は③である．

参考までに，1.1.3 項の測定尺度で示せば，〔1〕のキャリアは名義尺度，〔2〕の西暦は間隔尺度，〔3〕の満足度は順序尺度，〔4〕のゲーム時間は比例尺度である．

1.2 データの「見える化」

1.2.1 表による整理

データが得られると，そこから対象とする集団の特徴を考察することになる．そのための工夫の 1 つとして，表に整理することがあげられる．たとえば，スマホのキャリア別の度数を表に整理する（表 1.2）と，A 社が最も多く，ほぼ半数の人が利用していること，B 社，C 社は同数で，それぞれ A 社の半数であることなどがわかる．また，性別で分けてカウントする（表 1.3）と，A 社のユーザは男性の方が多いこと，それ以外は女性の方が多いことなどが見えてくる．表 1.3 のように属性などで分けて集計した表のことを**クロス集計表**あるいは**分割表**という（付録 B 参照）．

表 1.2 利用しているキャリア

キャリア	度数	割合
A 社	14	46.7%
B 社	7	23.3%
C 社	7	23.3%
その他	2	6.7%
計	30	100.0%

表 1.3 キャリア別利用者数

性別	A 社	B 社	C 社	その他	計
男性	11	2	1	0	14
女性	3	5	6	2	16
計	14	7	7	2	30

1.2.2　グラフによる可視化

「百聞は一見に如かず」，データの分布を概観するにはグラフを描くことが効果的である．グラフはその表現方法からそれぞれ特性が異なるので，グラフの特性を知った上で，目的と扱うデータに応じて使い分けることが大切である．以下，代表的なグラフを紹介する．

- **棒グラフ**（図1.3）：同じ尺度の複数の項目を並べて比較するのに用いる．最も多い項目や項目間の差や比を視覚的に把握できる．項目の順番を固定する必要がある場合を除き，値の大きい順に項目を並べるのがよい．
- **円グラフ**（図1.4）：全体に占める内訳や構成を伝えるのに適している．棒グラフと同様，値の大きい順に並べるのがよい．
- **帯グラフ**（図1.5）：円グラフと同様，各項目の構成比を表すのに用いる．帯グラフを複数並べると，項目の構成比の違いを捉えることができる．
- **折れ線グラフ**（図1.6）：あるデータが時系列に沿ってどのように推移しているか，その変化の様子を把握するのに適している．

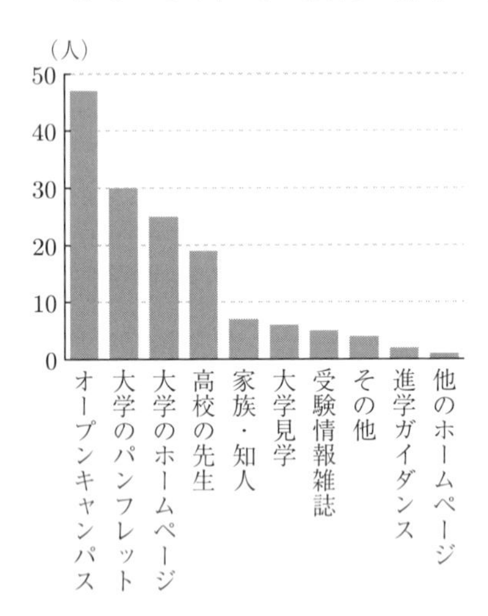

受験の情報源としてはオープンキャンパスが最も多い．4番目に高校の先生があり，先生への情報提供も重要であることがわかる．

図1.3　棒グラフの例

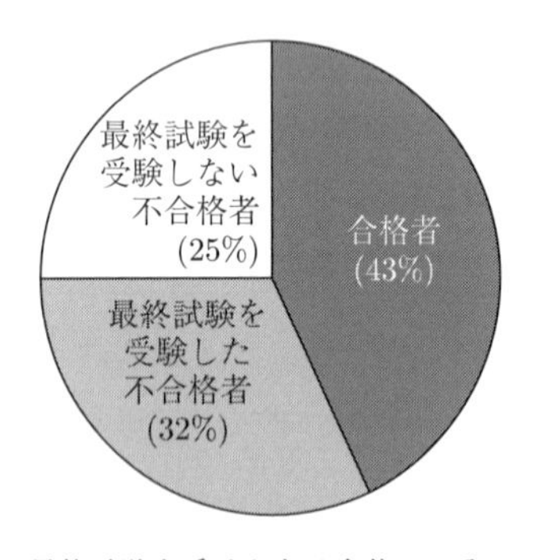

最終試験を受けた者は全体の4分の3であること，合格者は半数弱で，受験者のなかでは57%（$= 43 \div (43+32)$）であることなどがわかる．

図1.4　円グラフの例

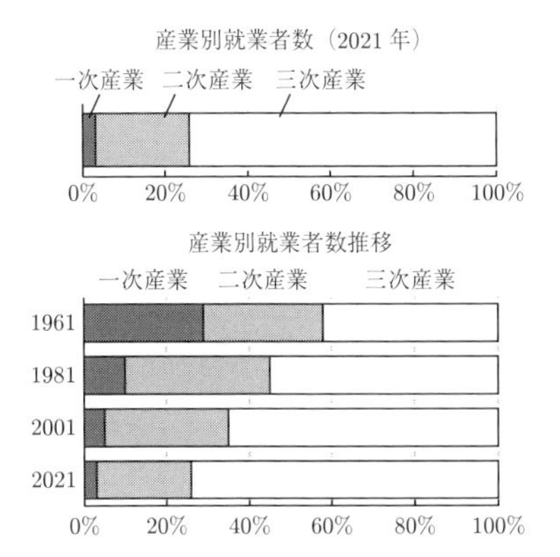

2021 年は 4 分の 3 が第三次産業従事者で，第一次産業従事者は 5%にも満たない．（下のように 20 年ごとに並べると変化がよくわかる．）

図 1.5　帯グラフの例

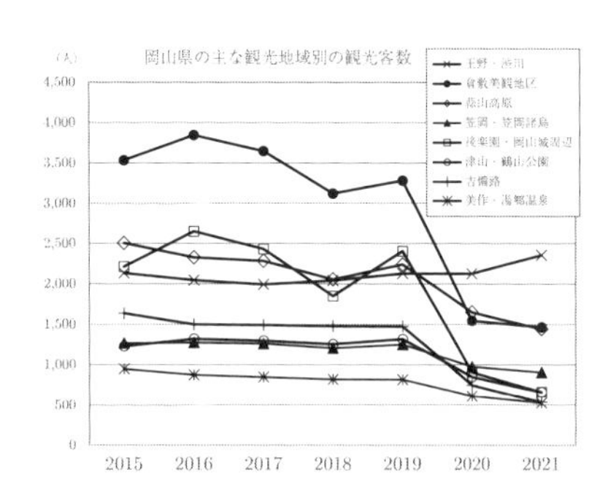

岡山県では倉敷美観地区や後楽園の集客が大きい．2018 年には西日本豪雨の影響で落ち込み，2020 年からは新型コロナウイルスの影響が見て取れる．

図 1.6　折れ線グラフの例

- **積み上げ棒グラフ**（図 1.7）：1 つの棒に複数の要素を積み上げて表示したもので，たとえば，売り上げ全体とその内訳の違いを見せたい場合などに適したグラフである．棒の長さを 100%とすると，構成比の違いを伝えることができる（帯グラフを複数並べたものと同じ）．
- **バブルチャート**（図 1.8）：2 つの変数を (x, y) の点として 2 次元平面上に表し，その点（= 円）の大きさに 3 つ目の変数をあてることで，3 変数の関係を 1 つのグラフ上で考察できるようにするものである．
- **レーダーチャート**（図 1.9）：項目の数が頂点の数となる正多角形で，中心と各頂点を結ぶ線分が各項目の目盛りとなり，その目盛り上にとった値を結ぶことで，各個体の様相を多角形で表現するものである．どの項目に強いか弱いかや複数のデータを比較するのに用いる．項目のスケールが異なる場合は比率や偏差値などに変換してスケールを揃えること，外にいくほど大きい（良い）値にすること（逆の場合は変換する），項目の並べ方で印象が変わることなどに注意する必要がある．

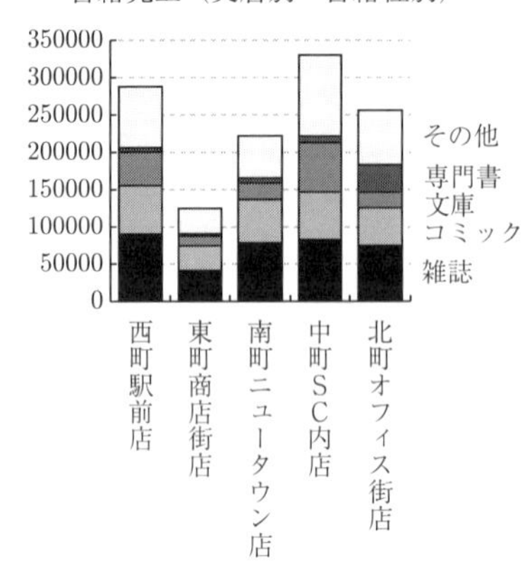

総額は中町ショッピングセンター店が最も多く，東町商店街店が最も少ないこと，北町オフィス街店では専門書がよく売れていることなどがわかる．

図 1.7　積み上げ棒グラフの例

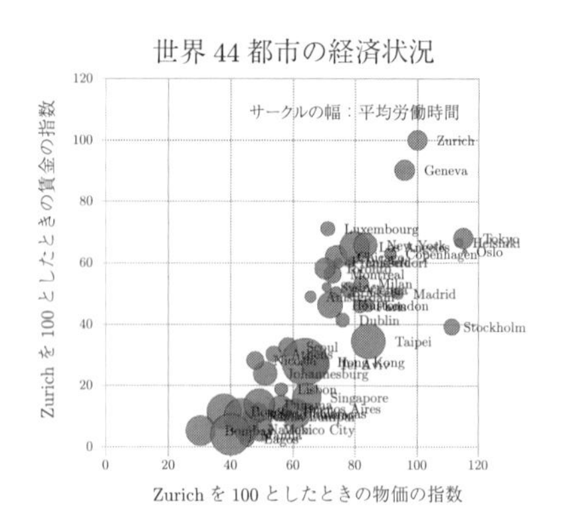

右上がりの傾向から物価と賃金に関係が強いこと，左下に大きい円が多いことから，物価の低い地域で労働時間が長いことなどが観察される．

図 1.8　バブルチャートの例

- **ローソク足**（図 1.10）：一定期間の相場の値動きを 4 本値（始値，高値，安値，終値）を用いて一本の棒状の足で表すものである．中央の長方形は始値と終値で作る．終値が始値より高い場合（上昇）と逆の場合（下落）があり，長方形の色などで区別する．上下に出るひげの先端が高値と安値で，それらが始値または終値と一致する場合，ひげは出ない．このローソク足を連ねることで，過去からの相場の動きやトレンドを把握することができる．株価の変動をみるために開発されたものであるが，一定期間に値が上下するようなデータであれば利用できる．

この他にも，データの分布（ばらつき）を考察するヒストグラムや箱ひげ図，複数のグラフを組み合わせる複合グラフ，2 変量の関係を可視化する散布図などがある．これらのグラフ表現については，第 3 章〜第 6 章を参照されたい．

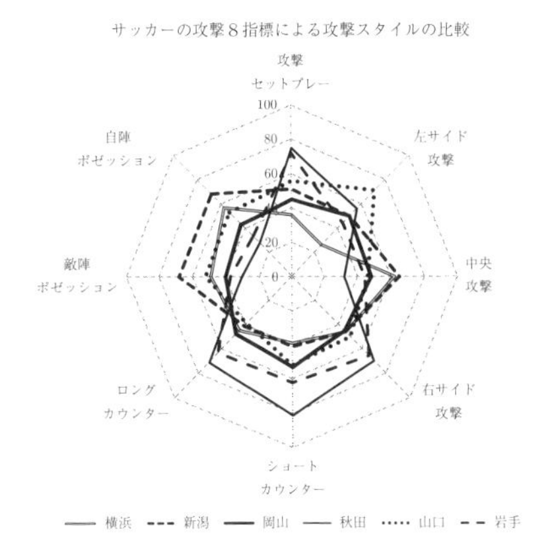

新潟はポゼッションと中央攻撃，秋田はカウンターやセットプレーに特徴があり，岡山は平均的，横浜は左サイド攻撃が少ないなどが見て取れる．

図 1.9 レーダーチャートの例

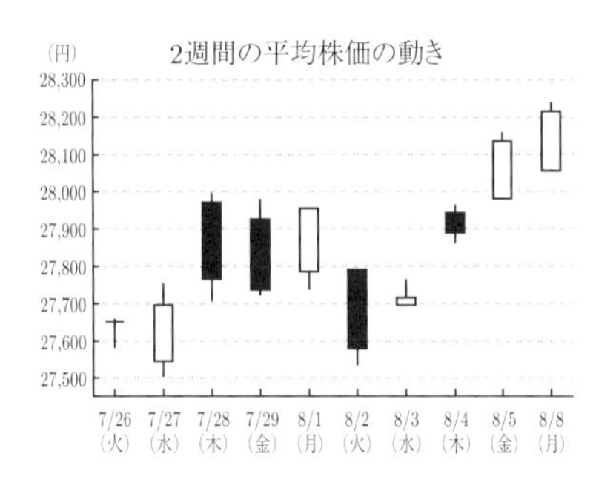

2 週間の平均株価のローソク足チャート．白が始値より終値の方が高く，黒が低い．7/28 に向け上昇，8/2 に向けて下降，その後上昇傾向が見える．

図 1.10 ローソク足の例

注意 1.1 グラフ表現はデータの特徴をみる強力なツールであるが，微妙な違いを比較する場合は数値を用いる方が確実である．一方，数値だけでは，グラフが表現する図的な様相はわからないことが多い．たとえば，2 つのクラスの成績の平均値は同じであるが，分布が異なっているような場合である．数値と図はお互い補完し合うものであることを意識し，データの分布の特徴を正しく捉えるために，両者を常に併用するよう心がけたい．

問 2 の解説

円グラフの問題である．図 1.4 の説明部分も参考にされたい．

I. 受講者 84 名のうち，43%が合格者であるので，$84 \times 0.43 = 36.12$ であるので，これは正しい．

II. 合格者 43%は当然最終試験を受けており，不合格者のうち最終試験を受験した 32%を足した 75%が最終試験の受験者である．したがって，最終試験の受験者は全体の 70%以上であるので，これは正しい．

III. 最終試験を受験した不合格者は全体の 32%，最終試験の受験者は全体の 75%であるから，最終試験を受験した学生だけで考えると，その割合は，$(84 \times 0.32) \div (84 \times 0.75) = 0.427$ となり，40%以上である．したがって，これは正しくない．

以上より，I と II のみ正しいので，正解は④である．

演習問題

演習問題 A

1　次の6つの変数について，下の問いに答えよ．

① 偏差値	② 100 m 走の記録	③ 和暦
④ 4段階の好き嫌い評価	⑤ 郵便番号	⑥ 速度

〔1〕 次の測定尺度にあたる変数を選び，記号で答えよ．

（ア） 名義尺度
（イ） 順序尺度
（ウ） 間隔尺度
（エ） 比例尺度

〔2〕 次の処理が意味をもつ変数を選び，記号で答えよ．

（オ） 順序の比較
（カ） 2倍，3倍や1/2といった比較

2　次の（ア）～（オ）の考察に最も適したグラフを下の①～⑤のなかから一つずつ選べ．

（ア） どの項目に強いか弱いかを複数のデータで比較する．

（イ） 全体とその内訳の違いを把握する．

（ウ） 内訳の構成と全体に占める割合を把握する．

（エ） 最も多い項目や項目間の差や比を知る．

（オ） 時系列に沿って推移の様子を観察する．

① 円グラフ	② 棒グラフ	③ 積み上げ棒グラフ
④ 折れ線グラフ	⑤ レーダーチャート	

演習問題 B

1　［2021年6月実施　統計検定®3級問1より］

次の図は，ある喫茶店のレシートである．レシートに示されている I～IV のうち，量的変数はどれか．下の①～⑤のうちから最も適切なものを一つ選べ．

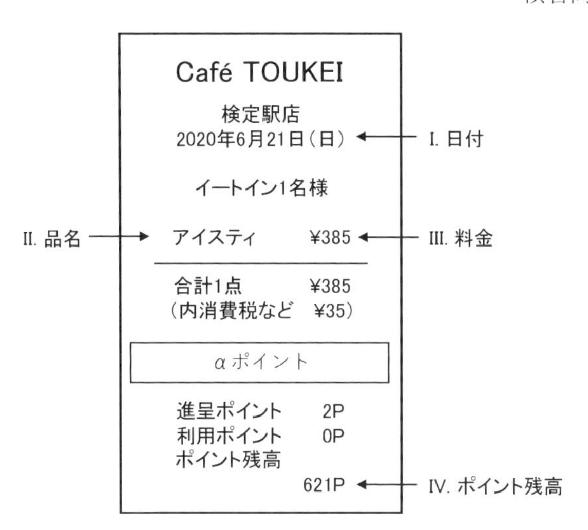

① III のみ　② I と II のみ　③ III と IV のみ
④ I と III と IV のみ　⑤ II と III と IV のみ

2　[2021 年 6 月実施　統計検定®3 級問 9 より]

次のグラフは，新聞閲読者（2,989 人）および新聞非閲読者（794 人）別の政治・選挙への関心の有無に関する調査結果の帯グラフである．

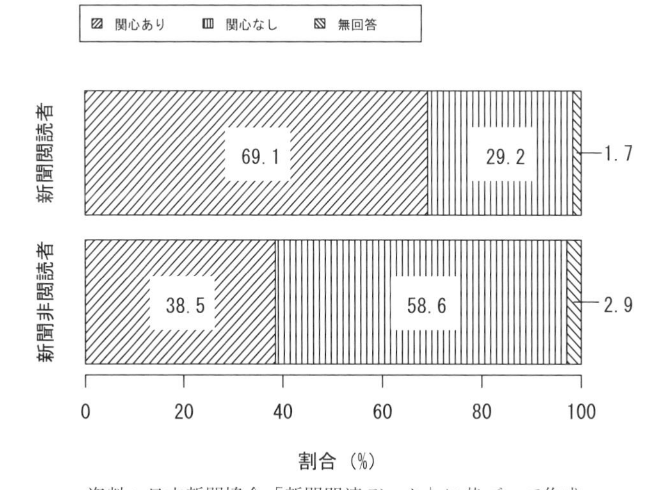

資料：日本新聞協会「新聞関連データ」に基づいて作成

この帯グラフから読み取れることとして，次の I～III の記述を考えた．

I. この調査において，新聞閲読者の政治・選挙への関心ありの割合は，新聞非閲読者の政治・選挙への関心ありの割合よりも大きい.

II. この調査において，新聞非閲読者で政治・選挙への関心なしの人数は，およそ 306 人である.

III. この調査において，新聞閲読者で政治・選挙への関心なしの人数は，新聞非閲読者で政治・選挙への関心なしの人数よりも少ない.

この記述 I〜III に関して，次の①〜⑤のうちから最も適切なものを一つ選べ.

① I のみ正しい　② I と II のみ正しい
③ I と III のみ正しい　④ II と III のみ正しい
⑤ I と II と III はすべて正しい

2　1変量データの集計

問 2.1　度数分布表

次の度数分布表は，153 人に対して休日の読書時間を調査し，その結果をまとめたものである．ただし，表内の相対度数は百分率（パーセンテージ）で表記しており，小数点第 2 位を四捨五入し，小数点第 1 位までを表示している．

読書時間	度数	相対度数 (%)
30 分未満	49	32.0
30 分以上 1 時間未満	（ア）	20.9
1 時間以上 1 時間 30 分未満	26	（ウ）
1 時間 30 分以上 2 時間未満	16	10.5
2 時間以上 2 時間 30 分未満	11	7.2
2 時間 30 分以上 3 時間未満	（イ）	（エ）
3 時間以上	12	7.8
合計	153	100.0

〔1〕　上の度数分布表内の（エ）にあてはまる数値として最も適切なものを①～⑤のなかから一つ選べ．

① 1.4　② 3.2　③ 4.2　④ 4.6　⑤ 5.7

〔2〕　休日の読書時間が長い方から数えて 48 番目の人が含まれる階級として，次の①～⑤のうちから最も適切なものを一つ選べ．

① 30 分以上 1 時間未満　② 1 時間以上 1 時間 30 分未満

③ 1 時間 30 分以上 2 時間未満　④ 2 時間以上 2 時間 30 分未満

⑤ 2 時間 30 分以上 3 時間未満

2.1　1変量データの集計

集団を構成する個体を対象とした実験や調査により得られたデータから，その集団が備える傾向や特徴を明らかにすることを考える．その際に，データの散らばりの様子（**データの分布**）を調べることは基本的である．集団から収集したデータは，数字や記号，文字列からなる集まりである．データの分布を調べるための第一歩は，収集したそのようなデータをうまく整理してまとめることである．この章では，1変量データの集計方法について説明する．

2.1.1　質的データの集計

質的データにおける観測値は，カテゴリにより分類できる．そこで，質的データを集計する際には，観測値をカテゴリごとに分け，各々のカテゴリに含まれる観測値の個数（**度数**）を数え上げる．たとえば，表2.1は大学生の通学方法の調査結果をまとめた表である．この例では，「自転車」，「電車」，「バス」，「バイク」，「徒歩」，「その他」が観測値のとり得るカテゴリである．集計表をもとに，第1章で紹介したグラフ（棒グラフや円グラフなど）を作成し，データの分布を把握する．集計の際には，カテゴリ間に順序や順位などがある場合を除いて，度数の大きいカテゴリから小さいカテゴリの順に並べ，まとめるのがよい．図2.1と図2.2は，表2.1をグラフにまとめたものである．

表2.1　通学方法の調査

通学方法	度数
自転車	63
電車	35
バス	28
バイク	21
徒歩	18
その他	5
合計	170

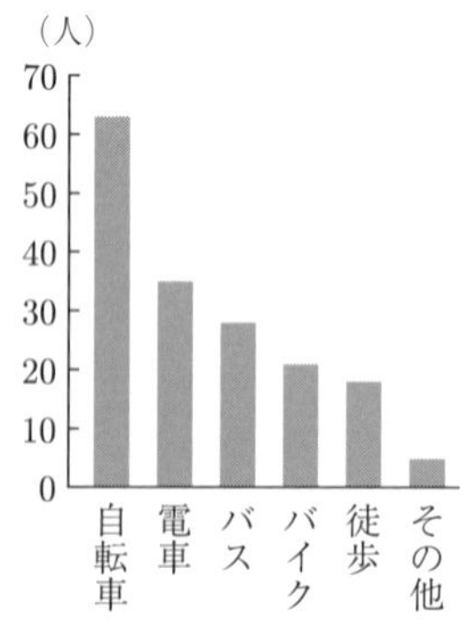

図2.1　表2.1を棒グラフにしたもの

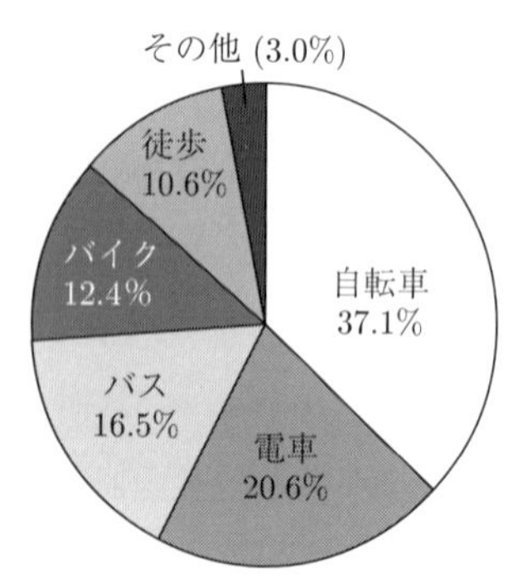

図2.2　表2.1を円グラフにしたもの

2.1.2 量的データの集計

量的データの集計において，離散データ（離散変数）と連続データ（連続変数）とでは，集計の方法が異なる．離散データを扱う場合，データの観測値のとる値をカテゴリと考えて，上述した質的データの集計と同様の方法をとる．ただし，離散データでは，観測値のとる値（カテゴリ）の間には大小の順序が常にあることに注意する．離散データを扱う場合でも観測値のとる値の種類が多い場合には，連続データのように扱い下記のように集計することが多い．

連続データの場合，観測値が全く同じ値になることは稀である．たとえば，私たちは気温を「21.3 °C」などのように，高々小数点第1位までの数で表現している．しかし，これは厳密な値ではない．実際には小数点第2位以降にも数が展開されているものの，それらはごく小さな数であるのでその部分を（四捨五入などで）省略した数を使っている．日ごろ私たちが物体の量などを表す際に用いる数値と，その実際の（物体の量などの）数値とは必ずしも一致するとは限らないことに注意しよう．連続データを離散データと同様に観測値のとる値をカテゴリとしてデータを集計すると，その度数はほとんど0または1となり，この集計方法では，データ全体の分布の様子を把握することは困難である．そこで，連続データを集計する場合には，収集したデータの観測値を含むような（実数上の）区間をいくつかの小区間（**階級**）に分け，各小区間に含まれる観測値の個数（**度数**）を数え上げる方法をとる．このことを，次にあげる例を使って具体的に説明しよう．

表2.2は，岡山（岡山県）の1990年から2021年までの年最高気温を記したものである（単位は °C）[※1]．これは32個の観測値からなる連続データであり，最小値は33.9 (°C)，最大値は39.3 (°C) である．表2.3は，このデータをもとに，33.5 (°C) から39.5 (°C) までを幅1.0（一定）として6個の階級に分けて，各々の階級の度数を数え，作成した度数分布表である．一般に，**度数分布表**とは与えられたデータを階級ごとに度数についてまとめた表のことをいう．表2.3のように，度数分布表には，階級と度数だけでなく相

[※1] 出典：気象庁ホームページ (https://www.data.jma.go.jp/obd/stats/etrn/view/annually_s.php?prec_no=66&block_no=47768&year=2022&month=&day=&view=)

表 2.2　岡山（岡山県）の 1990 年から 2021 年までの年最高気温

37.1	35.8	36.3	33.9	39.3	36.7	37.7	35.1
36.4	35.0	36.8	38.0	36.7	35.7	37.9	36.3
38.3	37.3	38.0	35.2	37.9	36.3	36.8	37.6
36.6	37.3	37.4	36.3	38.1	36.9	38.2	37.5

表 2.3　岡山（岡山県）の 1990 年から 2021 年までの年最高気温の度数分布表

階級 以上　未満	階級値	度数	累積度数	相対度数 (%)	累積相対度数 (%)
33.5 ～ 34.5	34	1	1	3.1	3.1
34.5 ～ 35.5	35	3	4	9.4	12.5
35.5 ～ 36.5	36	7	11	21.9	34.4
36.5 ～ 37.5	37	10	21	31.3	65.6
37.5 ～ 38.5	38	10	31	31.3	96.9
38.5 ～ 39.5	39	1	32	3.1	100.0
合計	—	32	—	100.0	—

対度数，累積度数，累積相対度数，階級値を加えることもある．ここで，**相対度数**とは，全体に占める各階級の度数の割合のことをいう．すなわち，

$$\textbf{相対度数} = \frac{\textbf{階級の度数}}{\textbf{データの大きさ}}$$

である．ここで，**データの大きさ**とは度数の総和（観測値の個数）をいう．また，ある階級に対して，その階級以下の階級の度数をすべて足し合わせたものを**累積度数**といい，全体に占める各階級の累積度数の割合を**累積相対度数**という．さらに，**階級値**とは，各階級の代表値のことをいう．表 2.3 では，階級値として各階級の上限値と下限値の中間の値を採用している．

岡山の 1990 年から 2021 年までの年最高気温のデータに話を戻そう．表 2.2 のなかで 34.5 (°C) 以上 35.5 (°C) 未満の区間に含まれる観測値は，「35.0」，「35.1」，「35.2」のみなので，34.5 (°C) 以上 35.5 (°C) 未満の階級の度数は 3 であり，相対度数は $3/32 = 0.09375 \fallingdotseq 0.094$ (9.4%) である．この階級の階級値は，$(35.5 + 34.5)/2 = 35$ である．さらに，35.5 (°C) 未満の観測値は，先にあげた 3 つの観測値に加えて「33.9」が含まれるので，同階級の累積度数は 4 であり，累積相対度数は $4/32 = 0.125$ (12.5%) である．

表 2.3 の度数分布表から，年最高気温が 36.5 (°C) 以上 38.5 (°C) 未満の年は 20 年あり，このような年は全体の約 62.5 (= 96.9 − 34.4)% である．32 年間のうち，半数以上の年最高気温がこの範囲にあることがわかる．

度数分布表から**ヒストグラム（柱状グラフ）**や**累積相対度数グラフ**が作成される．ここでは，表 2.3 から作成されるヒストグラムと累積相対度数グラフを掲載するに留めて（図 2.3，図 2.4 を参照），これらのグラフの詳細については第 3 章で説明する．

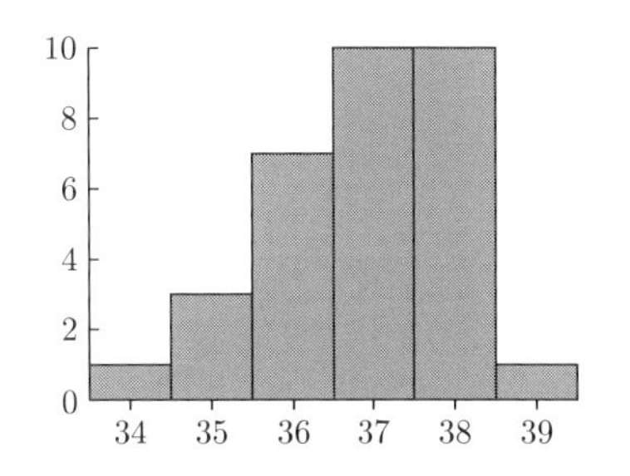

図 2.3　表 2.3 から作成したヒストグラム

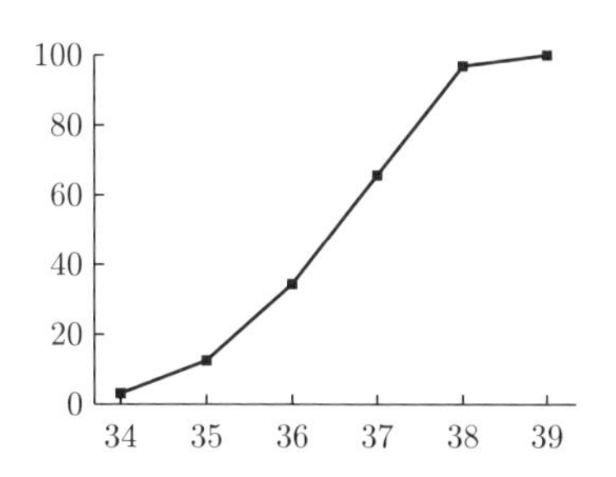

図 2.4　表 2.3 から作成した累積相対度数グラフ

2.1.3　度数分布表の作成における留意点

収集したデータの最小値と最大値を確認した後，階級幅・階級数・最小の階級を定めると度数分布表の骨格ができあがる．なお，度数分布表は，階級値を上から下へ（または左から右へ）昇順に並べ，そして収集した観測値から各階級に含まれる観測値の個数を数え上げることで完成する．これらの定め方には厳密な決まりはないものの，むやみにそれらを決めてはいけない．一般的に，階級幅を大きくとり階級数を少なくすると，データの分布のおおまかな形状をつかむことができるものの，細かな特徴を把握するのは難しくなる．それに対して，階級幅を小さくとり階級数を多くすると，その度数分布表から得られるヒストグラムは凸凹の多い図となり，全体的な分布の傾向を読み取ることが難しくなる．また，階級幅は常に一定であるとは限らない．たとえば年間所得金額や住宅の床面積などのデータでは，分布の中心付近に比べて分布の端にあるような観測値の個数は非常に少ない．このような場合には，分布の端の階級の幅を広げることも多い．上記のことに気をつけ，度数分布表とヒストグラムをいくつか作成し，比較，吟味を重ねながら，データ全体の傾向や分布の様子を把握できるものを選ぶのがよい．

注意 2.1　階級数を定める目安に**スタージェスの公式**

$$(\text{階級数}) \fallingdotseq 1 + \log_2(\text{データの大きさ})$$

がある．先にあげた1990年から2021年まで表2.2の岡山市の年最高気温のデータを例にスタージェスの公式を適用すると $1 + \log_2 32 = 6$ となる．

問 2.1 の解説

〔1〕（ウ）にあてはまる数値は，$(26/153) \times 100 = 16.99 \cdots \fallingdotseq 17.0$ である．よって，（エ）にあてはまる数値は $100 - (32.0 - 20.0 - 17.0 - 10.5 - 7.2 - 7.8) = 4.6$．以上より，正解は④である．

〔2〕（ア）にあてはまる数値を求めると，$153 \times 0.209 = 31.977$ より32である．実際，$32/153 \times 100 \fallingdotseq 20.9$ よりこれは正しい．また，（イ）に当てはまる数値は，$153 - (49 + 32 + 26 + 16 + 11 + 12) = 7$ である．よって，1時間以上1時間30分未満の階級には，休日の読書時間が長い方から数えて，12+7+11+16+1=47番目の人から12+7+11+16+26=72番目の人が含まれる．したがって，休日の読書時間が長い方から数えて48番目の人が含まれる階級は，1時間以上1時間30分未満の階級である．以上より，正解は②である．

演習問題

演習問題 A

1 以下は，札幌（石狩地方）の 1990 年から 2021 年までの年最高気温を記したものである[※2]．単位は °C である．次の問いに答えよ．

32.7	30.9	30.6	30.1	36.2	32.5	31.9	32.6
31.5	35.2	36.0	29.8	30.6	29.1	33.2	31.6
32.8	34.2	31.4	31.2	34.1	33.8	32.9	33.1
33.7	34.5	31.9	34.9	33.9	34.2	34.3	35.1

〔1〕 最小の階級を 28.5 以上 29.5 未満，階級の幅を 1.0（一定），階級数を 8 として，度数分布表を作成せよ．

階級 以上　未満	度数	累積度数	相対度数 (%)	累積相対度数 (%)
28.5 ～ 29.5				
29.5 ～ 30.5				
30.5 ～ 31.5				
31.5 ～ 32.5				
32.5 ～ 33.5				
33.5 ～ 34.5				
34.5 ～ 35.5				
35.5 ～ 36.5				
合計		—		—

〔2〕 〔1〕の度数分布表から読み取れることとして，適切でない記述を①～⑤のなかから一つ選べ．

① 最も度数の小さい階級は，28.5 °C 以上 29.5 °C 未満である．
② 34.5 °C 以上 35.5 °C 未満の階級の相対度数は 12.5% である．
③ 年最高気温が 29.5 °C 以上 32.5 °C 未満の年は 11 年ある．
④ 年最高気温が 32.5 °C 以上 34.5 °C 未満である年の割合は，約 44% である．
⑤ 半数以上の年では年最高気温が 33 °C 以上である．

※2 出典：気象庁ホームページ（https://www.data.jma.go.jp/stats/etrn/view/annually_s.php?prec_no=14&block_no=47412&year=&month=&day=&view=）

2　次の表は，A 地区，B 地区，C 地区における年齢階級別人口の相対度数表である．相対度数は百分率で与えられている．次の問いに答えよ．

	A 地区	B 地区	C 地区
0～　9歳	7.74	7.63	8.56
10～　19歳	8.03	8.53	9.74
20～　29歳	12.53	8.49	9.95
30～　39歳	14.44	11.19	11.32
40～　49歳	17.05	13.24	14.18
50～　59歳	13.01	12.51	11.64
60～　69歳	10.74	（ア）	13.06
70～　79歳	9.63	13.37	12.13
80～　89歳	5.53	8.29	7.61
90～　99歳	1.26	2.28	1.74
100～109歳	0.04	0.09	0.07

〔1〕　（ア）に入る数値はいくらか．次の①～⑤のうちから最も適切なものを一つ選べ．

①　14.18　　②　14.24　　③　14.38　　④　14.47　　⑤　14.58

〔2〕　上の表から読み取れることとして，次の①～⑤のうち最も適切なものを一つ選べ．

①　3 地区のなかで，19 歳以下の人口の割合が最も大きいのは B 地区である．
②　A 地区において，人口割合が最も大きい階級は 30～39 歳である．
③　3 地区のなかで，0～9 歳の人口が最も多いのは，C 地区である．
④　C 地区に住む人の年齢の平均値は，55 歳以上である．
⑤　A 地区において，20～59 歳の人口の割合は 50%以上である．

演習問題 B

1　［2018 年 6 月実施　統計検定®3 級問 13 より］

A 高校と B 高校において，一週間の家庭学習の時間を把握するために各高校でアンケート調査を実施した．次の表は，その結果である．

（単位：人）

	1 時間未満	1 時間以上 2 時間未満	2 時間以上 8 時間未満	8 時間以上 16 時間未満	16 時間以上	合計
A 高校	6	70	54	12	2	144
B 高校	5	41	16	1	0	63
合計	11	111	70	13	2	207

〔1〕 A 高校のうち，家庭学習の時間が 2 時間未満である生徒の割合はいくらか．次の①～⑤のうちから最も適切なものを一つ選べ．

① 0.04　② 0.34　③ 0.37　④ 0.49　⑤ 0.53

〔2〕 このデータから読み取れることとして，次の I～III の記述を考えた．

I. A 高校の方が B 高校よりも家庭学習の時間が 1 時間以上 2 時間未満の生徒の割合が大きい．

II. A 高校，B 高校ともに，家庭学習の時間が 1 時間未満の生徒の割合は 1 割未満である．

III. A 高校と B 高校を合わせたデータについて，家庭学習の時間が 8 時間以上の生徒の割合は，A 高校の家庭学習の時間が 8 時間以上の生徒の割合より小さい．

この記述 I～III に関して，次の①～⑤のうちから最も適切なものを一つ選べ．

① I のみ正しい　② II のみ正しい
③ III のみ正しい　④ II と III のみ正しい
⑤ I と II と III はすべて正しい

2 ［2019 年 6 月実施　統計検定®2 級問 1 より］

次の表は，2008 年および 2015 年の，2 人以上の勤労者世帯における，貯蓄額の階級別相対度数分布表である．

	階級	2008年 相対度数 (%)	2015年 相対度数 (%)
(A)	100万円未満	（ア）	13.2
(B)	100万円以上200万円未満	7.1	7.2
(C)	200万円以上300万円未満	6.9	7.0
(D)	300万円以上400万円未満	6.3	6.1
(E)	400万円以上500万円未満	5.5	5.6
(F)	500万円以上600万円未満	5.7	5.5
(G)	600万円以上700万円未満	5.2	4.5
(H)	700万円以上800万円未満	3.9	4.2
(I)	800万円以上900万円未満	3.5	3.3
(J)	900万円以上1000万円未満	3.4	3.2
(K)	1000万円以上1200万円未満	5.8	6.0
(L)	1200万円以上1400万円未満	4.7	4.6
(M)	1400万円以上1600万円未満	4.3	4.2
(N)	1600万円以上1800万円未満	2.8	3.0
(O)	1800万円以上2000万円未満	2.8	2.5
(P)	2000万円以上2500万円未満	5.3	5.3
(Q)	2500万円以上3000万円未満	3.8	3.2
(R)	3000万円以上4000万円未満	4.7	4.2
(S)	4000万円以上	（イ）	7.2

資料：総務省「家計調査」

〔1〕 2008年における貯蓄額が2000万円以上の世帯は，全体の19.6%であった．（イ）に入る数値はいくらか．次の①～⑤のうちから最も適切なものを一つ選べ．

① 1.2　② 3.0　③ 5.8　④ 8.2　⑤ 11.1

〔2〕 2015年における貯蓄額の中央値が含まれる階級はどれか．次の①～⑤のうちから適切なものを一つ選べ．

① (H)　② (I)　③ (J)　④ (K)　⑤ (L)

〔3〕 2015年における貯蓄額の平均値は1309万円であった． 2015年における貯蓄額が平均未満の世帯の割合を x% とする．x の1の位を四捨五入した値はいくらか．次の①～⑤のうちから最も適切なものを一つ選べ．

① 30　② 40　③ 50　④ 60　⑤ 70

3　データの代表値

問 3.1　データの平均値，中央値，最頻値

ある学校に通う生徒 40 人を全校生徒のなかから無作為に抽出し，それらの生徒の通学時間（分）を調べたところ，次のようなデータが得られた．ただし，データは昇順に並び替えている．

5	8	8	14	15	18	19	19	20	23
23	27	28	29	29	30	31	33	33	34
35	35	35	36	36	36	36	39	40	40
42	44	44	45	47	50	52	52	60	65

〔1〕　このデータの平均値，中央値，最頻値の関係として正しいものを次の①～⑦のうちから一つ選べ．

① 平均値 < 中央値 < 最頻値　　② 平均値 < 最頻値 < 中央値

③ 中央値 < 最頻値 < 平均値　　④ 中央値 < 平均値 < 最頻値

⑤ 最頻値 < 中央値 < 平均値　　⑥ 最頻値 < 平均値 < 中央値

⑦ 平均値 = 中央値 = 最頻値

〔2〕　このデータを利用して作る度数分布表からわかることとして，最も適切なものを下の①～⑧のうちから一つ選べ．ただし，階級は，小さい値から大きい値へと並べることとする．

I.　階級の幅の決め方に関係なく，最初の階級の階級値は，データの最小値 5 である．

II.　階級の幅の決め方に関係なく，データの最頻値は，度数の最も大きい階級に属する．

III.　階級の幅の決め方に関係なく，累積相対度数が初めて 100%となる階級にデータの最大値が属している．

① Iのみ正しい　② IIのみ正しい　③ IIIのみ正しい

④ IとIIのみ正しい　⑤ IIとIIIのみ正しい　⑥ IとIIIのみ正しい

⑦ すべて正しい　⑧ すべて正しくない

問 3.2　ヒストグラム

問 3.1 のデータを利用し，階級の幅を 10 として作成した度数分布表

通学時間（分） 以上　未満	度数	相対度数 (%)	累積相対度数 (%)
0 〜 10	3	7.5	7.5
10 〜 20	5	12.5	20.0
20 〜 30	7	17.5	37.5
30 〜 40	13	32.5	70.0
40 〜 50	7	17.5	87.5
50 〜 60	3	7.5	95.0
60 〜 70	2	5.0	100.0
合　計	40	100	–

から作成したヒストグラムとして正しいものを，次の①〜④のうちから一つ選べ.

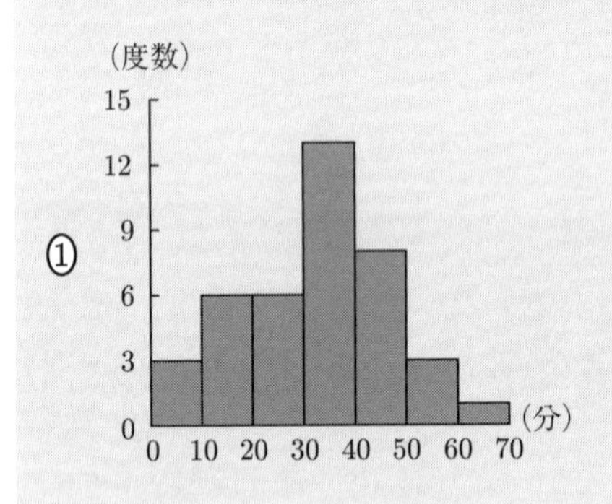

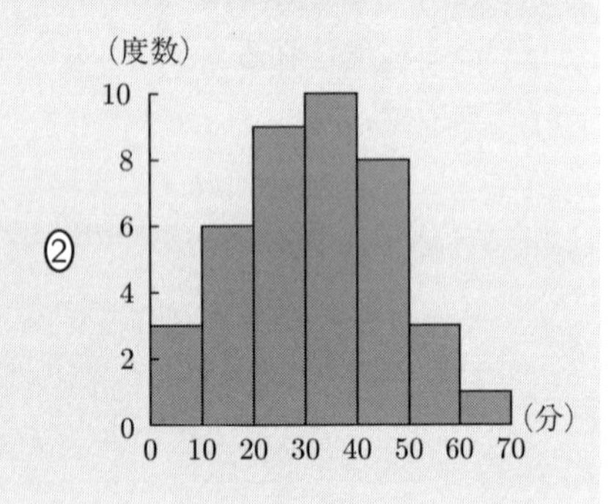

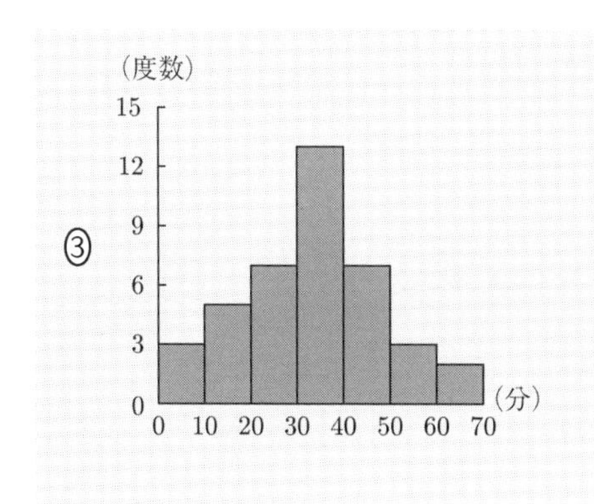

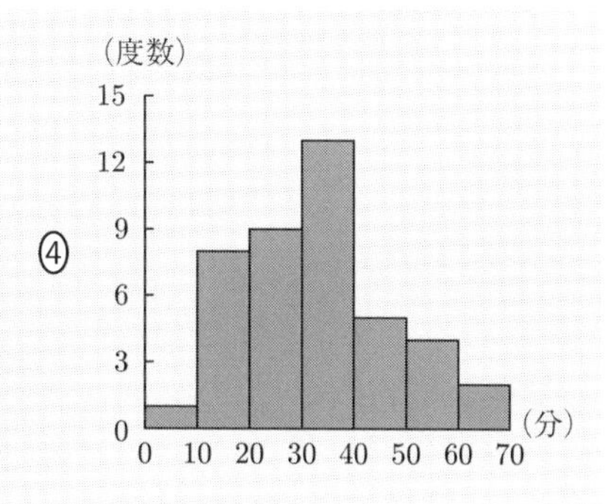

3.1 データの代表値

3.1.1 平均値，中央値，最頻値

得られたデータの中心の位置を 1 つの値で特徴づけることが可能であれば，その値はデータを代表する値といえる．このようにデータを代表する値を**代表値**とよび，次の**平均値** (mean)，**中央値** (median)，**最頻値** (mode) の 3 つがよく利用される．

(1) 平均値

データの重心に相当する値である．大きさ n のデータ $x_1, x_2, \ldots, x_n$ に対し，平均値 $\overline{x}$ （エックスバーと読む）は

$$\overline{x} = \frac{x_1 + x_2 + \cdots + x_n}{n} = \frac{1}{n}\sum_{i=1}^{n} x_i \tag{3.1}$$

で定義される（総和記号 $\sum$ に関しては，付録 D 参照）．

(2) 中央値

データを昇順に並べた場合に，中央に位置するデータの値である．

大きさ n のデータ $x_1, x_2, \ldots, x_n$ に対し，それらを昇順に並べ替え

$$x_{(1)} \leq x_{(2)} \leq \cdots \leq x_{(n)}$$

とするとき，データの中央の位置は，

$$n\text{が奇数の場合：}\quad \overbrace{x_{(1)},\ldots,x_{(\frac{n+1}{2}-1)}}^{\frac{n-1}{2}\text{個}},\quad \underbrace{x_{(\frac{n+1}{2})}}_{\text{中央値}},\quad \overbrace{x_{(\frac{n+1}{2}+1)},\ldots,x_{(n)}}^{\frac{n-1}{2}\text{個}}$$

$$n\text{が偶数の場合：}\quad \overbrace{x_{(1)},\ldots,x_{(\frac{n}{2}-1)}}^{\frac{n-2}{2}\text{個}},\quad \underbrace{x_{(\frac{n}{2})},\quad x_{(\frac{n}{2}+1)}}_{\text{2つの値の平均値が中央値}},\quad \overbrace{x_{(\frac{n}{2}+2)},\ldots,x_{(n)}}^{\frac{n-2}{2}\text{個}}$$

となり，それぞれ，中央値 x_{me} は，$x_{(\frac{n+1}{2})}$，$\dfrac{x_{(\frac{n}{2})}+x_{(\frac{n}{2}+1)}}{2}$ となる．

(3)　最頻値

データのなかで，最も頻繁に現れる値であり，x_{mo} で表す．

次に示す世帯別の年収データを利用し，平均値，中央値，最頻値の特徴を考察しよう．

例題 3.1　以下に示す，2つの世帯別年収データの平均値 ($\overline{x}$)，中央値 (x_{me})，最頻値 (x_{mo}) をそれぞれ求めよ．

データ 1

世帯名	A	B	C	D	E
年収（万円）	280	480	480	540	700

データ 2

世帯名	A	B	C	D	E	F
年収（万円）	280	480	480	540	700	4,000

解　データ 1 およびデータ 2 の平均値 ($\overline{x}$)，中央値 (x_{me})，最頻値 (x_{mo}) は，それぞれ，

データ 1

平均値：$\overline{x}=\dfrac{280+480+480+540+700}{5}=496$ (万円)

中央値：$x_{\mathrm{me}}=x_{(3)}=480$ (万円)

最頻値：$x_{\mathrm{mo}}=480$ (万円)

データ 2

平均値：$\overline{x}=\dfrac{280+480+480+540+700+4{,}000}{6}=1{,}080$ (万円)

中央値：$x_{\mathrm{me}}=\dfrac{x_{(3)}+x_{(4)}}{2}=\dfrac{480+540}{2}=510$ (万円)

最頻値：$x_{\mathrm{mo}}=480$ (万円)

となる．　□

例題 3.1 のデータ 1 とデータ 2 の違いは，世帯 F があるかどうかの違いである．しかしながら，他の世帯よりも例外的に世帯年収が多い世帯 F が加わったことによって，データ 2 の平均値は，データ 1 の平均値の 2 倍以上大きくなっている．この結果，データ 2 においては，平均値の 1,080 万円より多い年収がある世帯は，世帯 F の 1 世帯だけという状況になり，この平均値がデータの代表値として適切であるとはいいがたい．このように，平均値は，他と大きく離れた値（**外れ値**）がデータに含まれている場合，その影響を大きく受ける．その一方で，例題 3.1 での中央値と最頻値は，世帯 F の影響をほぼ受けていない．平均値がすべてのデータ値を利用して算出されるためデータそれぞれの値に敏感であるのに対して，中央値と最頻値はそれらの値を構成するデータ値だけに依存するためそれ以外のデータの変動が反映されないことに起因する．また，最頻値は，左右対称なひと山分布の場合を想定すれば，観測値の個数が十分多いとき，平均値に近づく傾向にある．

このように，本節で紹介した 3 つの代表値には，それぞれ一長一短があり，利用する際には，利用するデータと知りたい情報を見極めて利用する必要がある．

3.1.2 度数分布表から求める代表値

データが与えられた場合，代表値は直接求めることができる．一方で，前章で導入した度数分布表だけが与えられている場合は，次のようにしてデータの代表値を近似的に求める．以下では，度数分布表の階級値として，各階級の上限値と下限値の平均値を利用する．

(1) 平均値

階級の数が ℓ，各階級の階級値が $m_1, m_2, \ldots, m_\ell$，度数が $f_1, f_2, \ldots, f_\ell$ である度数分布表から求まる平均値 $\overline{m}$ は，

$$\overline{m} = \frac{1}{n}\sum_{i=1}^{\ell} m_i f_i \quad ここで，n = \sum_{i=1}^{\ell} f_i$$

である．

(2)　中央値

度数分布表では，階級として，既にデータが昇順に並べられた状態にある．このため，度数の合計と累積度数（または累積相対度数）から中央に位置するデータが属する階級を求めることができ，その階級値を中央値とする．また，累積相対度数が 0.5 以上となる最初の階級の階級値が中央値となる．

> **注意 3.1**　データ数 n が偶数である場合，たまたま，中央に位置する $\frac{n}{2}$ 番目と $\frac{n}{2}+1$ 番目のデータが異なる階級に属する場合がある．この場合は，それぞれが属する2つの階級の階級値の平均を中央値とする．

(3)　最頻値

度数分布表においては，最も度数の大きい階級の階級値を最頻値とする．

例題 3.2　本章の冒頭問題 問 3.2 にある度数分布表から，平均値 ($\overline{m}$)，中央値 (m_{me})，最頻値 (m_{mo}) をそれぞれ求めよ．

解

平均値：$\overline{m} = \dfrac{1}{40}(5\times 3 + 15\times 5 + \cdots + 55\times 3 + 65\times 2) \fallingdotseq 33.3$ (分)

中央値：$m_{\mathrm{me}} = 35$ (分)　累積相対度数が，0.5 以上となる最初の階級の階級値

最頻値：$m_{\mathrm{mo}} = 35$ (分)　度数が最大である階級の階級値　□

問 3.1 の解説

〔1〕 平均値 ($\overline{x}$)，中央値 (x_{me})，最頻値 (x_{mo}) は，それぞれ，

$$\overline{x} = \frac{1}{40}(5+8+\cdots+60+65) \fallingdotseq 32.9 \text{ (分)}$$

$$x_{\mathrm{me}} = \frac{x_{(19)}+x_{(20)}}{2} = \frac{34+35}{2} = 34.5 \text{ (分)}$$

$$x_{\mathrm{mo}} = 36 \text{ (分)}$$

したがって，$\overline{x} < x_{\mathrm{me}} < x_{\mathrm{mo}}$ となり，正解は，① である．

〔2〕 I.　一番小さい階級に，最小値が含まれていることは望ましいが，必ずしも階級値とする必要はなく，正しくない．

II.　階級の幅の取り方によっては，実データの最頻値が最大度数の階級に含まれない場合もあり，正しくない．（後述の図 3.2 に示す階級の幅3分のグラフ参照）

III.　累積相対度数が，100% となるのは，昇順に並べたデータの最後の値

をカウントした場合であり，この最後の値は，必ず最大値であり，正しい.

よって，正解は，③ である.

上記の例題 3.2 と問 3.1 の解説から，実データから算出する代表値と度数分布表から算出する代表値は，ほぼ一致していることがわかる.

3.2 データの散らばりとそのグラフ化

3.2.1 ヒストグラム

ヒストグラム (histogram) は，複数の長方形を並べることによって，度数分布表を視覚化するグラフである．このグラフでは，長方形の底辺の長さが階級の幅，高さが度数にそれぞれ対応し，1 つの長方形の面積と，すべての長方形の面積和との面積比が，相対度数に対応している．たとえば，本章冒頭の問 3.2 の度数分布表から得られるヒストグラムは，図 3.1 となる.

また，図 3.1 と同じデータではあるが，異なる階級の幅で作成したヒストグラムを図 3.2 に示す．これらの図からわかるように，階級の幅の選び方によっては，ヒストグラムからデータの散らばり具合を把握しにくくなることもある．したがって，データの散らばり具合を把握するためには，適切な階級の幅を選ぶ必要がある（第 2 章参照).

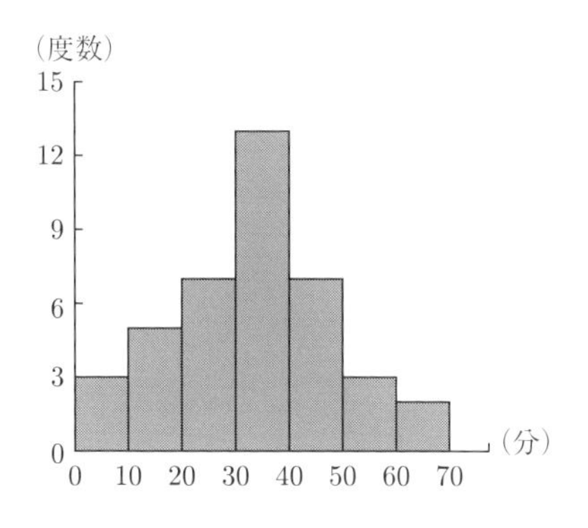

図 3.1 階級の幅 10 分のヒストグラム

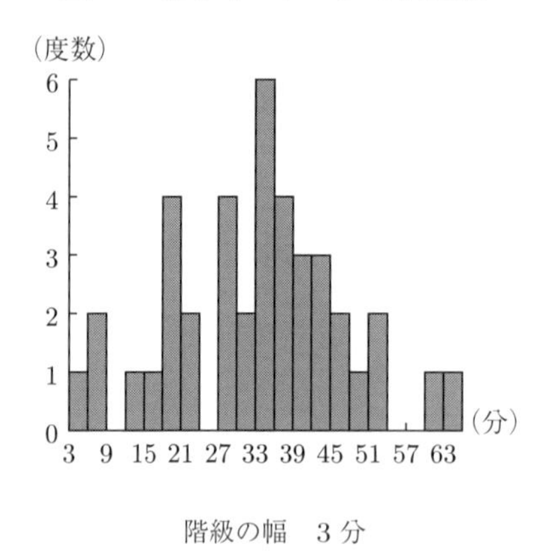

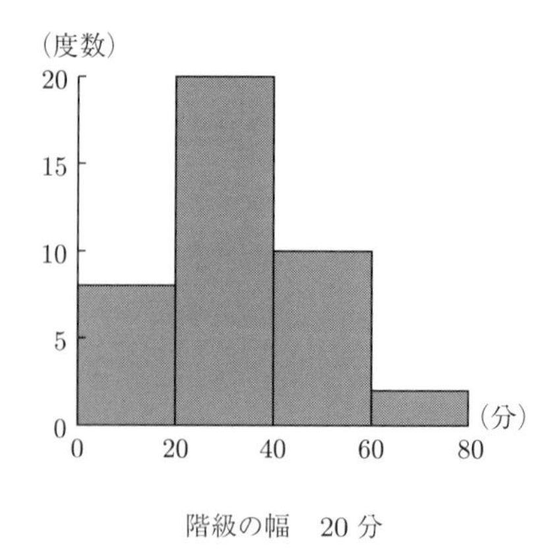

図 3.2　異なる階級の幅の度数分布に基づくヒストグラム

3.2.2　データの分布とヒストグラム

適切な階級の幅を選ぶことができた場合，ヒストグラムからデータの分布の特徴を知ることができる．図3.3に，3つの特徴的なヒストグラムとそれらヒストグラムの度数から得られる累積相対度数の折れ線グラフを組み合わせたグラフを示す．これらのグラフでは，横軸が階級に相当し，左の縦軸が度数，右の縦軸が累積相対度数を示している．また，累積相対度数から，データの中央の位置が把握しやすいように，累積相対度数50%に破線を引いた．

図3.3に示した3つのヒストグラムは，(i) 左右対称のひと山分布，(ii) 右に裾が長い分布，(iii) 左に裾が長い分布，であることが見て取れる．各ヒストグラムから平均値が算出でき，それぞれ，(i) 33.3分，(ii) 31.0分，(iii) 40.0分である．一方，ヒストグラムに重ねた累積相対度数グラフから，（50%をこえた最初の階級の階級値である）中央値は，それぞれ，(i) 35.0分，(ii) 25.0分，(iii) 45.0分である．一般に分布の形状がひと山であるとすれば，ヒストグラムの形および平均値と中央値の関係には表3.1の関係があることがわかる．

表 3.1　ヒストグラムの形と平均値および中央値の関係

(i)	左右対称のひと山分布	:	平均値 ≒ 中央値
(ii)	右に裾が長い分布	:	平均値 > 中央値
(iii)	左に裾が長い分布	:	平均値 < 中央値

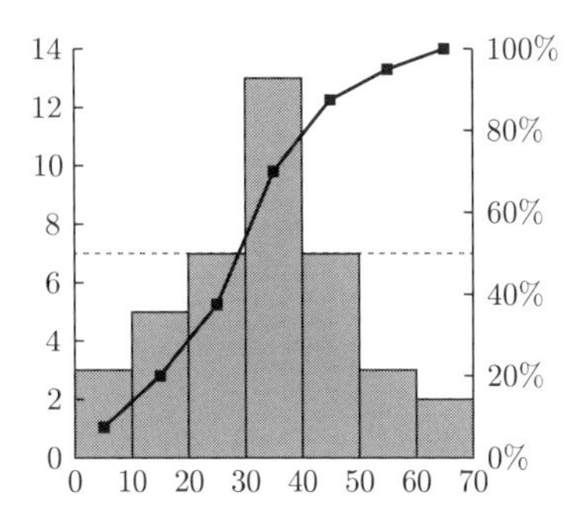

(i) 平均値 (33.3 分) ≒ 中央値 (35.0 分)

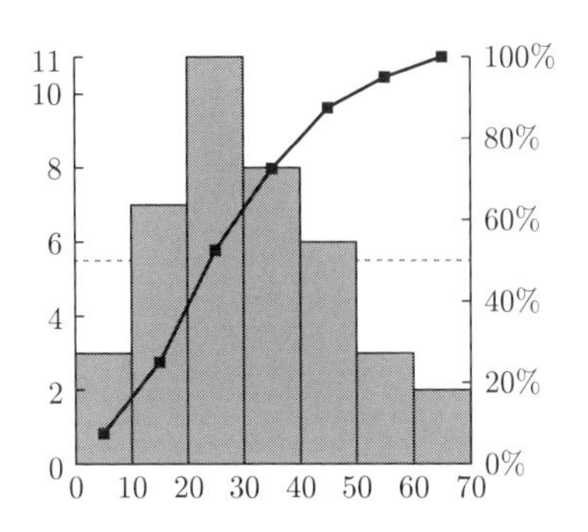

(ii) 平均値 (31.0 分) > 中央値 (25.0 分)

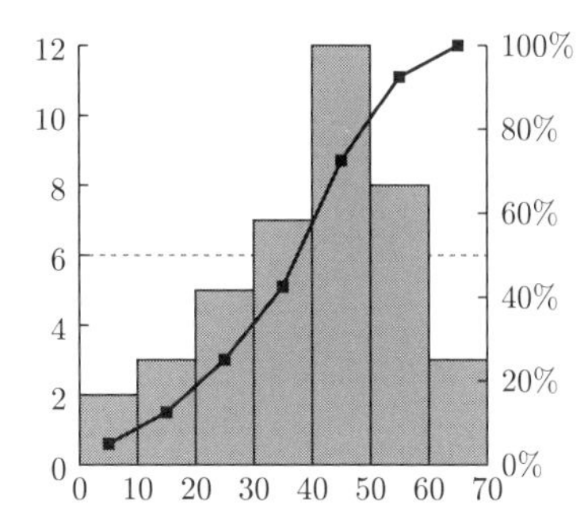

(iii) 平均値 (40.0 分) < 中央値 (45.0 分)

図 3.3　ヒストグラムと累積相対度数グラフ

さらに，ヒストグラムと累積相対度数グラフの関係から，読み取れることがある．たとえば，図 3.3 の (i) のヒストグラムから，小さい値から 20% のデータは，20 分未満の値のデータであることが推定できる．逆に，同図の (ii) のグラフから，通学時間が 40 分未満の学生は，全体の約 70%を占めていることがわかる．

問 3.2 の解説

階級とそれに対応する度数を正しく読み取れば，グラフが特定でき，③ が解であることがわかる．（この問題の解答となるグラフは，図 3.1 に提示．）

3.2.3　幹葉図

ヒストグラム以外に，データの散らばり具合を視覚化する方法として，**幹葉図** (stem-and-leaf plot) がある．幹葉図では，たとえば，データの10の位（以上）を幹，1の位を葉に見立ててデータの散らばりを表現する．問3.1 (p.25) のデータを幹葉図として図示すれば，図3.4のようになる※1．この幹葉図は，ヒストグラム（図3.1）を右に90度回転させたものに相当する．幹葉図は，実際のデータを正確に読み取ることができる利点がある反面，データ数が多くなったり，データの散らばりが広範囲に及ぶ（幹が大きくなりすぎる）場合には，全体像が見えづらくなる欠点がある．

幹	葉	度数
0	5 8 8	3
1	4 5 8 9 9	5
2	0 3 3 7 8 9 9	7
3	0 1 3 3 4 5 5 5 6 6 6 6 9	13
4	0 0 2 4 4 5 7	7
5	0 2 2	3
6	0 5	2

図3.4　幹葉図

演習問題

演習問題 A

1　次のI〜IIIの記述は，代表値の特徴に関して述べたものである．

I.　平均値が a であるデータに，値 a の観測値を1つ加えたデータの平均値は，a である．

II.　中央値が b であるデータに，値 b の観測値を1つ加えたデータの中央値は，b である．

III.　最頻値が c であるデータに，値 c の観測値を1つ加えたデータの最頻値は，c である．

※1 図3.4において，幹，葉の文字および度数は，必ずしも幹葉図に必要ではない．

この記述 I〜III に関して，次の①〜⑧のうち最も適切なものを一つ選べ．

① I のみ正しい　② II のみ正しい　③ III のみ正しい
④ I と II のみ正しい　⑤ II と III のみ正しい　⑥ I と III のみ正しい
⑦ すべて正しい　⑧ すべて正しくない

2　次のデータは岡山市の 1970 年から 2019 年までの 50 年間の年間降水量のデータ（単位: mm）から作成した度数分布表である．

階級 以上　未満	度数	相対度数 (%)
700 〜 850	7	14.0
850 〜 1000	4	**1**
1000 〜 1150	14	28.0
1150 〜 1300	11	22.0
1300 〜 1450	7	14.0
1450 〜 1600	**2**	12.0
1600 〜 1750	**3**	**4**
合　計	50	**5**

〔1〕　空欄に当てはまる数値を①〜⑧から選べ．

① 2.0　② 4.0　③ 8.0　④ 100.0
⑤ 1　⑥ 3　⑦ 5　⑧ 6

〔2〕　度数分布表から作成したヒストグラムとして正しいものを，次の①〜④のうちから一つ選べ．

①
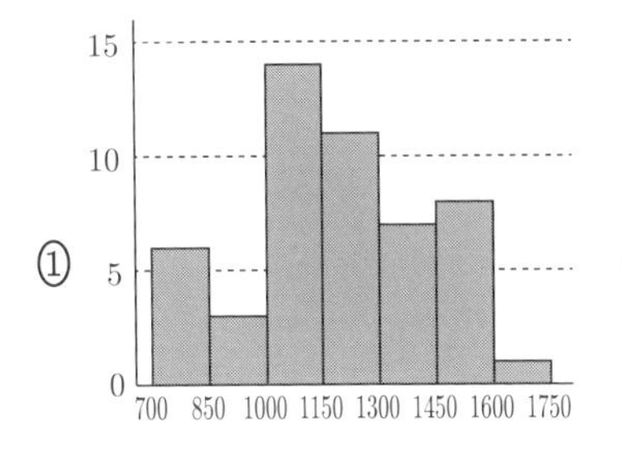

②
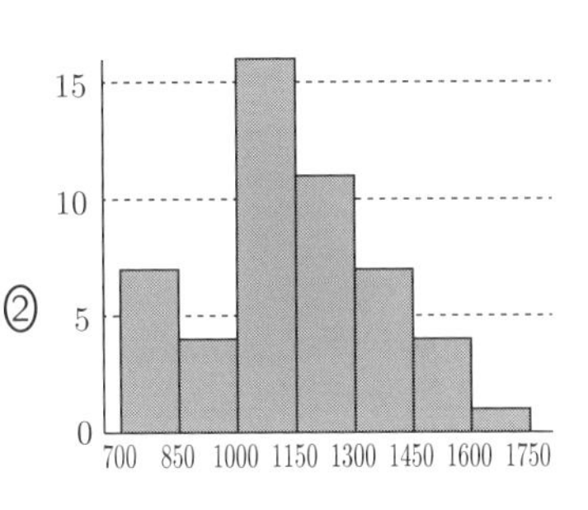

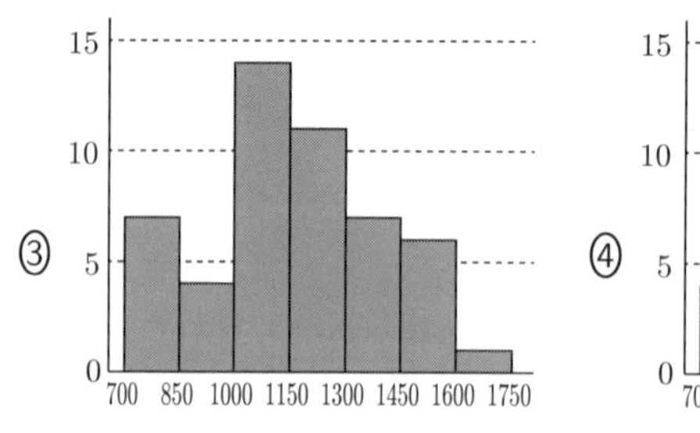

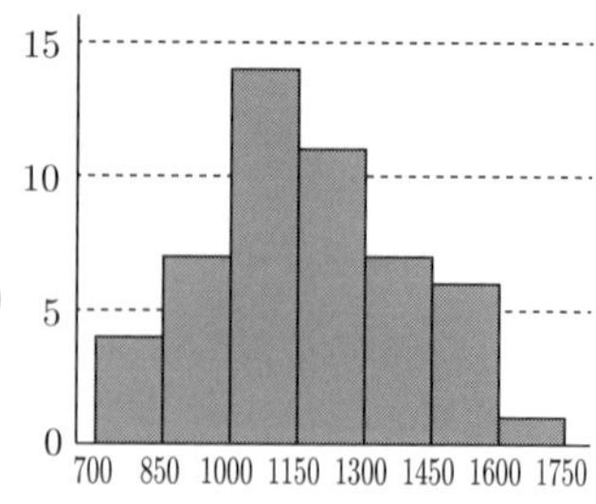

〔3〕 度数分布表とヒストグラムから読み取れることとして，次の I〜III の記述を考えた.

> I. 年間降水量の最大値は 1650 mm 以下である.
> II. 年間降水量が 1000 mm 未満の年は 20%以上ある.
> III. 年間降水量の中央値は，1075 mm である.

この I〜III の記述に関して，次の①〜⑥のうちから最も適切なものを一つ選べ.

① I のみ正しい　　② II のみ正しい
③ III のみ正しい　　④ I と II のみ正しい
⑤ I と III のみ正しい　　⑥ II と III のみ正しい

演習問題 B

1　［2021 年 6 月実施　統計検定®3 級問 5 より］

次の表は，2020 年の大相撲 1 月場所における休場者を除く幕内力士 38 人について，勝ち数ごとの力士数をまとめたものである.

勝ち数	15	14	13	12	11	10	9	8	7	6	5	4	3	2	1	0
人数（人）	0	1	1	0	4	3	3	5	9	5	5	1	0	1	0	0

資料：日本相撲協会「令和二年一月場所：日別の取組・結果」

〔1〕 この表から読み取れることとして，次の I〜III の記述を考えた.

> I. 勝ち数の中央値は 8 である.
> II. 勝ち数の最小値は 0 である.
> III. 勝ち数の最頻値は 7 である.

この記述 I ～ III に関して，次の①～⑤のうちから最も適切なものを一つ選べ．

① I のみ正しい　② II のみ正しい
③ III のみ正しい　④ I と II のみ正しい
⑤ I と III のみ正しい

〔2〕 勝ち数の平均値はいくらか．次の①～⑤のうちから最も適切なものを一つ選べ．

① 6.5　② 6.8
③ 7.1　④ 7.4
⑤ 7.7

2 ［2021 年 6 月実施　統計検定®3 級問 3 より］

次の幹葉図は，北海道旭川市における 2018 年 1 月 1 日から 1 月 20 日までの 20 日間の最深積雪（単位：cm）を表したものである．たとえば，59 (cm) という値は，十の位に 5 を書き，一の位に 9 を書く．

十の位	一の位							
4	6	6	7	8	9	9		
5	3	3	4	4	5	9	9	9
6	0	2	3	3	6	8		

資料：気象庁「過去の気象データ検索」

〔1〕 この 20 日間の旭川市における最深積雪の最頻値はいくらか．次の①～⑤のうちから最も適切なものを一つ選べ．

① 46　② 49　③ 53　④ 54　⑤ 59

〔2〕 この 20 日間の旭川市における最深積雪の中央値はいくらか．次の①～⑤のうちから最も適切なものを一つ選べ．

① 54.5　② 55　③ 55.5　④ 56　⑤ 56.5

4　量的データの散らばり

問 4.1　5 数要約

次の表はある人の乗用車の 11 日間の走行距離を調べたものである（単位は km）．5 数要約を①～⑨からそれぞれ一つ選べ．

15	10	28	35	23	13	16	11	8	17	11

最小値 **1**　　第 1 四分位数 **2**　　中央値 **3**

第 3 四分位数 **4**　　最大値 **5**

① 8　② 10.5　③ 11　④ 15　⑤ 16
⑥ 20　⑦ 23　⑧ 28　⑨ 35

問 4.2　分散，標準偏差

次の表はある人の 10 日間の歩行時間を調べたものである（単位は分）．平均，分散，標準偏差の値を①～⑨からそれぞれ一つ選べ．

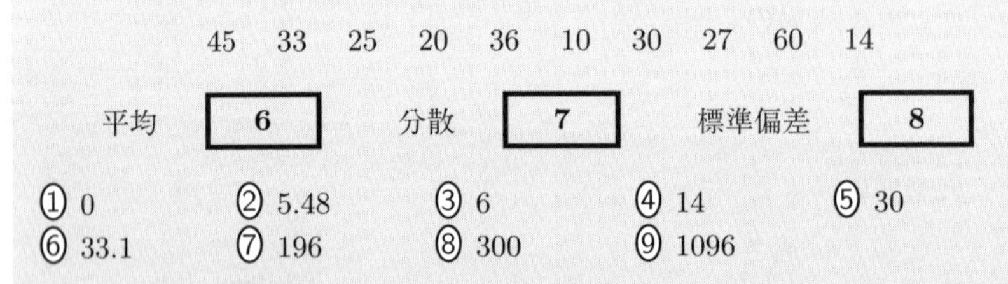

45	33	25	20	36	10	30	27	60	14

平均 **6**　　分散 **7**　　標準偏差 **8**

① 0　② 5.48　③ 6　④ 14　⑤ 30
⑥ 33.1　⑦ 196　⑧ 300　⑨ 1096

問 4.3　箱ひげ図

次のデータは家計調査（2020 年）の 47 都道府県庁所在地の 1 年間の携帯電話通信料の平均の箱ひげ図である（単位は円）．

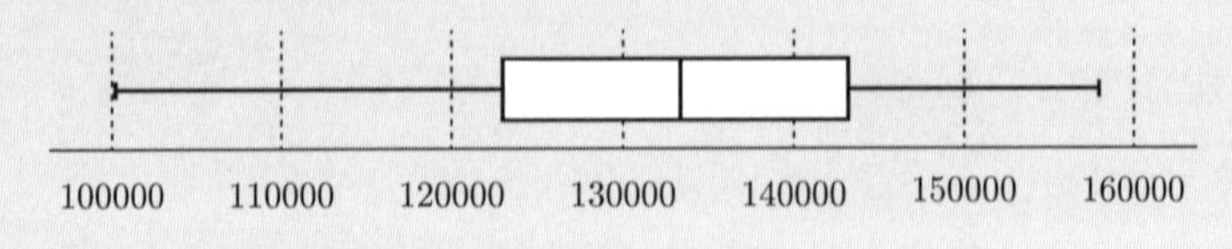

この箱ひげ図から読み取れることとして，次の I～III の記述を考えた．

I. 平均値はおよそ 135,000 円である.
II. 四分位範囲はおよそ 20,000 円である.
III. 最も値が小さいのは京都市である.

このI〜IIIの記述に関して，次の①〜⑥のうちから最も適切なものを一つ選べ.

① Iのみ正しい ② IIのみ正しい ③ IIIのみ正しい
④ IとIIのみ正しい ⑤ IとIIIのみ正しい ⑥ IIとIIIのみ正しい

4.1 散らばりの尺度

4.1.1 範囲と四分位範囲

量的データの特性を知るには，中央値や平均値などのデータの中心を表す代表値だけでなく，そのまわりにどのくらいデータが散らばっているかを表す指標が必要である．散らばりの指標には，範囲や四分位範囲，分散，標準偏差などがある．**範囲**（R と表す）はデータの最大値と最小値の差であり，データがどれくらいの幅にわたって分布しているかを表している．しかし，範囲は散らばりの指標としては粗く，他の観測値に比べて大きく外れた観測値（**外れ値**）に強く影響を受けてしまう．また，データの大きさが大きくなるにつれ範囲の値も大きくなる傾向があり，大きさの異なるデータの散らばり具合の比較には適さない．**四分位範囲**は範囲のこれらの欠点を修正した散らばりの指標である．四分位範囲について説明する前に，**四分位数**という概念を説明しよう．

量的データ $x_1, x_2, \ldots, x_n$ に対して，これを昇順に並べ替えたものを

$$x_{(1)} \leq x_{(2)} \leq \cdots \leq x_{(n)}$$

とする．つまり，$x_{(1)}$ が最小値で，$x_{(n)}$ が最大値である．これを個数が等しくなるように 4 等分すると 3 つの境界が現れる（図 4.1）．この境界値を小さい方から順に，**第 1 四分位数** (Q_1)，第 2 四分位数，**第 3 四分位数** (Q_3) という．第 2 四分位数はその意味から中央値 (M) と同じである．

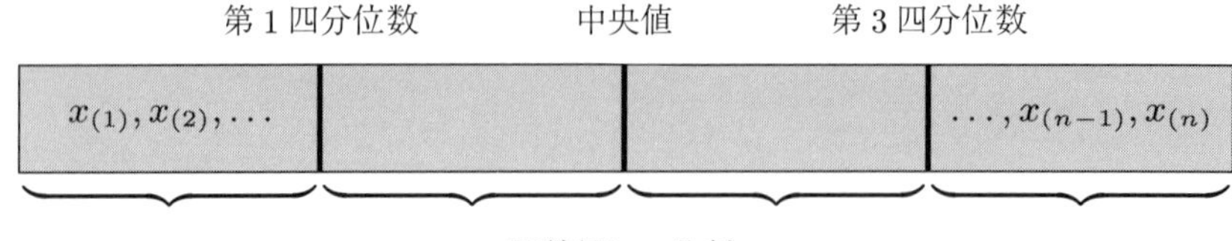

図 4.1　四分位数の概念図

ここで注意すべきは，n の値によってはきれいに4等分できず，境界線の引き方はそれほど単純ではないということである．実際，境界値の解釈がいくつかあり，それに応じて四分位数の計算方法が異なってくる（注意 4.1）．ただ，どの計算方法もある程度大きなデータに対してはほとんど結果に差はない．四分位数はあくまでデータ全体を把握するために使う指標なので，細かい計算方法にはこだわらず，そのおおまかな意味を理解することが重要である．なお分布の概形を知るためによく用いられる最小値，第1四分位数，中央値（第2四分位数），第3四分位数，最大値の5つの数でデータの特徴を表すことを**5数要約**という．

注意 4.1　中学校の教科書に載っている四分位数の計算方法は以下の手順である．

1. 昇順に並べられたデータ $x_{(1)}, x_{(2)}, \ldots, x_{(n)}$ を上位データ，下位データに2分する．ただし，n が偶数のときはデータを大小で2等分して上位データ，下位データを定め，n が奇数の場合は中央の点 $x_{(\frac{n+1}{2})}$ を除いたデータを大小で2等分し，上位データ，下位データを定める．
2. 下位データの中央値を第1四分位数 Q_1，上位データの中央値を第3四分位数 Q_3 とする．

Excel や統計解析パッケージなどでは，これとは異なる方法で四分位数を計算している．

問 4.1 の解説

データを大きさ順に並べ替えると，$8, 10, 11, 11, 13, 15, 16, 17, 23, 28, 35$ となる．まず，最小値は8，最大値は35がわかる．データの大きさは11（奇数）なので，中央値は左から6番目の観測値の15となる．注意 4.1 に従って計算すると，上位データは $8, 10, 11, 11, 13$，下位データは $16, 17, 23, 28, 35$ となる．それぞれの中央値を求めて，第 1 四分位数が 11，第 3 四分位数が 23 であることがわかる．よって，答えは **1** ①，**2** ③，**3** ④，**4** ⑦，**5** ⑨ である．

四分位範囲 (**IQR**, Interquartile range) は $Q_3 - Q_1$ で定義される．つまり，$\mathrm{IQR} = Q_3 - Q_1$ である．外れ値がある場合，その値は四分位範囲の外の領域に含まれるので，四分位範囲は外れ値の影響を受けにくい．また，切り取る領域を両側の 25% ずつと割合で決めているため，四分位範囲はデータの大きさにも影響を受けにくい．このように四分位範囲は範囲のもつ欠点を修正している．なお IQR/2 を**四分位偏差**とよぶ．

範囲と四分位範囲の活用例を見てみよう．表 4.1 は非接触体温計 S を使ってモニター 9 人の体温を測定した結果と実体温およびその誤差を表している．

表 4.1 非接触体温計 S の測定結果

モニター	A	B	C	D	E	F	G	H	I
測定値 (°C)	36.2	36.4	36.1	36.7	36.3	36.5	36.0	36.3	36.3
実体温 (°C)	36.5	36.3	36.0	36.7	36.2	36.5	36.0	36.5	36.1
誤差 (°C)	−0.3	0.1	0.1	0.0	0.1	0.0	0.0	−0.2	0.2

誤差の平均値は 0.0 °C である．注意 4.1 の手順に従って誤差の 5 数要約を計算すると，最小値は −0.3，$Q_1 = -0.1$，$M = 0.0$，$Q_3 = 0.1$，最大値は 0.2 となる．よって，範囲は $R = 0.2 - (-0.3) = 0.5$ °C，四分位範囲は $\mathrm{IQR} = 0.1 - (-0.1) = 0.2$ °C である．もし別の非接触体温計 T があり，平均値と中央値が非接触体温計 S と同じ 0.0 °C で，$R = 0.7$ °C, $\mathrm{IQR} = 0.4$ °C であったとするならば，範囲および四分位範囲が小さい非接触体温計 S の方が実体温に近い値を安定して測定するものと考えられる．

4.1.2 分散と標準偏差

観測値 x_i と平均値 $\overline{x}$ の差 $x_i - \overline{x}$ を**偏差**という．平均値をデータの中心と見なすならば，偏差の絶対値 $|x_i - \overline{x}|$ は中心から x_i までの距離であり，1 点 x_i に関する散らばり具合を表すと考えてよい．そこでデータ全体の散らばり具合をすべての観測値に対する偏差の絶対値の平均，

$$\frac{1}{n}\sum_{i=1}^{n}|x_i - \overline{x}| = \frac{1}{n}(|x_1 - \overline{x}| + |x_2 - \overline{x}| + \cdots + |x_n - \overline{x}|)$$

で定義することができる．これを**平均偏差**という．次に上の「偏差の絶対値」の部分を「偏差の平方」に変えてみる．偏差の平方 $(x_i - \overline{x})^2$ も x_i が中心から離れるほどより大きな正の値を取るという点では偏差の絶対値と同じである．それゆえ，これも（偏差の絶対値とは別の）1 点 x_i に関する散らばり具合を表すと考えてよい．よって，偏差平方の平均を**分散**といい，記号 s^2（もしくは x を強調したい場合には ${s_x}^2$）で表す．つまり，

$$s^2 = \frac{1}{n}\sum_{i=1}^{n}(x_i - \overline{x})^2 = \frac{1}{n}\left\{(x_1 - \overline{x})^2 + (x_2 - \overline{x})^2 + \cdots + (x_n - \overline{x})^2\right\}$$

であり，データ全体の散らばりを表す指標の 1 つとなる．定義から平均偏差も分散も 0 以上の値となる．平均偏差の単位はもとの観測値の測定単位と同じであるが，分散の単位は測定単位の 2 乗である．たとえば，観測値の測定単位が「分」の場合，分散の単位は「分^2」である．分散の正の平方根を s（もしくは s_x）で表し，これを**標準偏差**とよぶ．標準偏差は観測値の測定単位と同じ単位をもつ散らばりの指標である．

注意 4.2　分散の定義式を変形すると（付録 D 参照），

$$s^2 = \frac{1}{n}\sum_{i=1}^{n}{x_i}^2 - \overline{x}^2$$

が得られる．標語的にいうと「分散 = 2 乗の平均 − 平均の 2 乗」である．

問 4.2 の解説

平均 $\overline{x} = \dfrac{45 + 33 + \cdots + 60 + 14}{10} = 30.$

分散 $s^2 = \dfrac{(45-30)^2 + (33-30)^2 + \cdots + (60-30)^2 + (14-30)^2}{10} = 196.$

標準偏差 $s = \sqrt{s^2} = \sqrt{196} = 14.$

よって，答えは **6** ⑤，**7** ⑦，**8** ④ である．

量的データ $x_1, x_2, \ldots, x_n$ を $y = ax + b$ (a, b は定数) で変換したデータを $y_1, y_2, \ldots, y_n$ とする．これは $y_1 = ax_1 + b$, $y_2 = ax_2 + b$, …, $y_n = ax_n + b$ という意味である．このような変換は測定単位を変更する際によく起こる．たとえば，データの測定単位を kg から g に変更することは，$y = 1000x$ でデータを変換することと同じであり，また測定単位が摂氏 (°C) のデータを華氏 (°F) のデータに変更する場合は，データを $y = 1.8x + 32$ で変換することになる．

いま，$x_1, x_2, \ldots, x_n$ の平均 $\overline{x}$，分散 ${s_x}^2$，標準偏差 s_x は既に計算済みであるとしよう．このとき，$y_1, y_2, \ldots, y_n$ の平均 $\overline{y}$，分散 ${s_y}^2$，標準偏差 s_y は $\overline{x}$, ${s_x}^2$, s_x と a, b の値から簡単に求めることができる．実際，

$$\overline{y} = \frac{1}{n}\sum_{i=1}^{n}(ax_i + b) = \frac{1}{n}\left(nb + a\sum_{i=1}^{n}x_i\right) = a\overline{x} + b$$

$$\begin{aligned}{s_y}^2 &= \frac{1}{n}\sum_{i=1}^{n}(y_i - \overline{y})^2 = \frac{1}{n}\sum_{i=1}^{n}(ax_i + b - a\overline{x} - b)^2 \\ &= \frac{1}{n}\sum_{i=1}^{n}(ax_i - a\overline{x})^2 = a^2 \cdot \frac{1}{n}\sum_{i=1}^{n}(x_i - \overline{x})^2 = a^2{s_x}^2\end{aligned}$$

$$s_y = \sqrt{{s_y}^2} = |a|s_x$$

である．まとめると次のようになる．

変換 $y = ax + b$ による平均，分散，標準偏差の変換公式

$$\overline{y} = a\overline{x} + b, \qquad {s_y}^2 = a^2{s_x}^2, \qquad s_y = |a|s_x \tag{4.1}$$

測定単位が摂氏 (°C) であるデータの平均が 20 °C，分散が 25 °C^2，標準偏差が 5 °C であったとする．変換 $y = 1.8x + 32$ によりデータの測定単位を華氏 (°F) に変更すると，式 (4.1) から平均は $1.8 \times 20 + 32 = 68$ °F，分散は $1.8^2 \times 25 = 81$ °F^2，標準偏差は $|1.8| \times 5 = 9$ °F となる．

4.1.3　変動係数

ある企業の社員の年収に関して表 4.2 のようなデータが得られたとする．

表 4.2

	平均年収	標準偏差
管理職	1,200 万円	300 万円
一般社員	400 万円	100 万円

これを見て標準偏差の値が大きい管理職の方が年収のばらつき（散らばり）が大きいといえるだろうか．管理職の方が平均年収が大きいので管理職間の年収の差が大きくなるのは当然といえる．その影響で管理職の標準偏差が大きくなっているものと考えられる．したがって，年収の散らばり具合を比較するのであれば，標準偏差の大きさだけなく平均年収も考慮するべきである．

そこで一般に（変数 x の）正の値だけからなるデータに対し，標準偏差を平均値で割った値 $(= s/\overline{x})$ を考える．これを**変動係数**という．変動係数は単位が同じ値の割り算で定義されているので無名数，すなわち単位をもたない数である．あるいは変動係数の値に 100 を掛けて「%表示」することもある．変動係数は標準偏差から平均値の影響を排除した散らばりの指標と見ることができ，平均値の異なる複数のデータの散らばり具合を比較するときなどに用いられる．先ほどの年収の例の場合，管理職の変動係数は $300/1200 = 0.25$，すなわち 25% で，一般社員の変動係数は $100/400 = 0.25$，すなわち 25% となり，どちらも 25% でばらつきの程度は変わらないと見ることができる．

4.2 散らばりを用いたデータの分析

4.2.1 標準化と偏差値

量的データ $x_1, x_2, \ldots, x_n$ に対し，$z_1, z_2, \ldots, z_n$ を

$$z_i = \frac{\text{観測値} - \text{平均値}}{\text{標準偏差}} = \frac{x_i - \overline{x}}{s_x} \tag{4.2}$$

とする．この操作を**標準化**または**基準化**といい，z_i を **z 値**または **z スコア**という．$a = 1/s_x$, $b = -\overline{x}/s_x$ とおくと，式 (4.2) は $z = ax + b$ による変換であることがわかる．よって，式 (4.1) が適用でき，

$$\overline{z} = a\overline{x} + b = \frac{1}{s_x}\overline{x} - \frac{\overline{x}}{s_x} = 0, \qquad s_z = |a|s_x = \frac{1}{s_x}s_x = 1$$

となる．すなわち，標準化は任意のデータを平均値 0，標準偏差 1 のデータに変換する．この変換は複数のデータをまたがって観測値を比較する際に役立つ．通常は異なるデータ間で観測値の大小を単純比較しても意味がない．たとえば，英語が 70 点，数学が 60 点だったとしても，必ずしも数学より英語の方が出来が良いとは限らない．英語の平均が 80 点，数学の平均が 50 点であれば数学の方が出来は良いと見れるし，あるいは平均がどちらも 50 点であっても，数学の点数は平均点付近に集中していて，英語の点数は 0 点から 100 点まで均等に散らばっている場合，数学の方が順位が高い可能性がある．こう見ると 2 科目の平均値および標準偏差が揃っていないことが，出来の比較を難しくしているといえる．そこで標準化が役立つ．英語と数学それぞれに標準化をおこなうと，どちらも平均値 0，標準偏差 1 のデータに変換される．これで平均値と標準偏差が揃うので，対応する z 値の大小を比較して出来の良さを判断することができる．たとえば，英語の平均値が 55 点，標準偏差が 20 点，数学の平均値が 50 点，標準偏差が 10 点だったとすると，英語の 70 点の z 値は $(70 - 55)/20 = 0.75$，数学の 60 点の z 値は $(60 - 50)/10 = 1$ となり，数学の z 値の方が高い．よって，数学の 60 点の方が（z 値の視点で）出来が良いということになる．

偏差値は標準化の考え方を応用したものである．x_i の偏差値は

$$50 + 10 \times \frac{\text{観測値} - \text{平均値}}{\text{標準偏差}} = 50 + 10 \times \frac{x_i - \overline{x}}{s_x} = 50 + 10\, z_i$$

で定められる．偏差値は平均値 50，標準偏差 10 のデータになる．上の点数の例の場合，英語の 70 点の偏差値は $50 + 10 \times 0.75 = 57.5$，数学の 60 点の偏差値は $50 + 10 \times 1 = 60$ となり数学の偏差値の方が高い．一般に，z 値で比較しても偏差値で比較してもその大小関係は変わらない．つまり，どちらを使って比較しても本質的には同じである．z 値は無名数（単位をもたない数）であることに注意する．なお z 値を**標準得点**ともいう．

4.2.2　箱ひげ図と外れ値

データの様相を要約した 5 数要約に基づき，それを図示したのが**基本箱ひげ図**（図 4.2 参照）である．

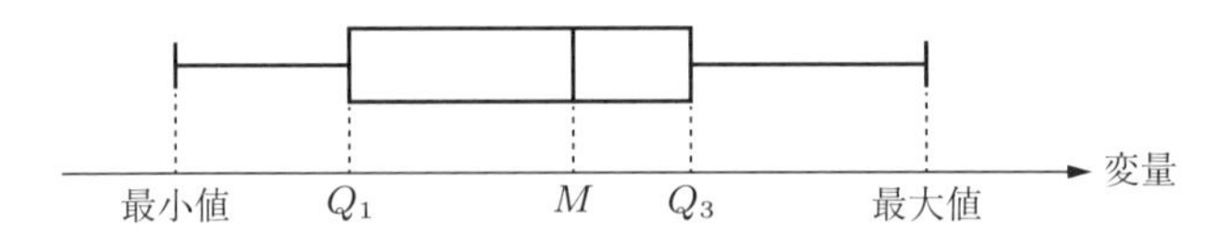

図 4.2　基本箱ひげ図

箱の両端で第 1 四分位数と第 3 四分位数を表し，ひげの両端で最小値と最大値を表す．また箱内の線で中央値を表す．箱ひげ図はヒストグラムほど多くの情報を持たないが，代わりに 5 数要約の情報だけで簡単に作成できる．ヒストグラムがひと山の形状を持つとき，ヒストグラムと箱ひげ図は自然な対応を持つ．図 4.3 はその対応の例である．

イメージとしては箱ひげ図の箱はヒストグラムの山の本体（峰がある部

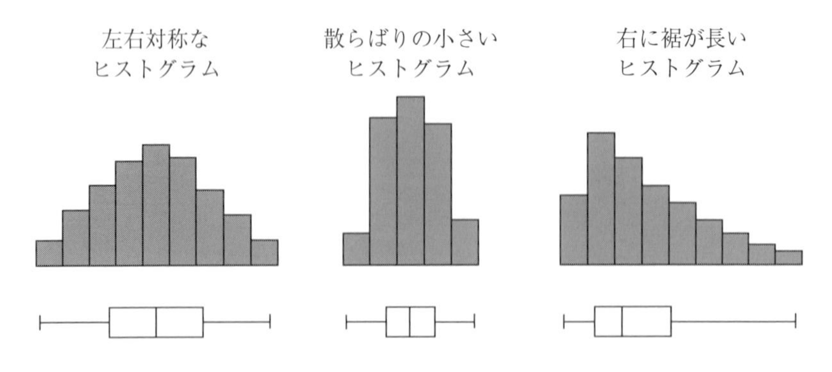

図 4.3　ヒストグラムと箱ひげ図の対応

分）と対応し，ひげは山の裾と対応すると考えるとよい．ただし，ヒストグラムがひと山の形状でない場合はこのような自然な対応はなく，箱ひげ図からヒストグラムを推測することは難しい．

問 4.3 の解説

I と III は箱ひげ図からは読み取れない情報である．箱ひげ図から第 3 四分位数が約 143,000，第 1 四分位数が約 123,000 と読み取れるので，四分位範囲は約 20,000 となり，II の記述は正しい．よって，答えは ②である．

箱ひげ図の長所の 1 つはヒストグラムに比べて場所を取らない点である．そのため，複数の箱ひげ図を並べて比較するという分析方法が効果的である．図 4.4 は岡山県の月間平均気温を年ごとにまとめ，箱ひげ図にして並べたもの（**並行箱ひげ図**）である．並行箱ひげ図にすると，最大値，最小値，中央値，範囲，四分位範囲など様々な要素を同時に比較することができる．

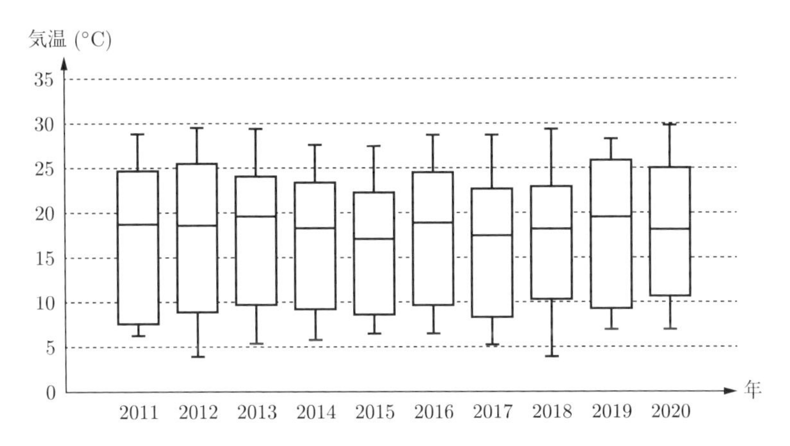

図 4.4 岡山県の平均気温の並行箱ひげ図

他の観測値に比べて大きく外れた観測値を外れ値とよぶのであったが，より具体的な外れ値の基準が必要である．四分位数を用いた外れ値の基準として次のようなものがある．

$Q_1 - 1.5\,\mathrm{IQR}$ より小さい観測値，または，$Q_3 + 1.5\,\mathrm{IQR}$ より大きい観測値を外れ値とする．

箱ひげ図で説明すると，箱を真ん中にすえた長さ 4 IQR（= 箱 4 つ分）の範囲の外にある観測値が外れ値である．多くの統計ソフトウェアではこの外れ値の情報を付け足した箱ひげ図がしばしば用いられている．本書では，この箱ひげ図を外れ値付き箱ひげ図（図 4.5 参照）とよぶ．

- 箱と中央値の線は基本箱ひげ図と同じように Q_1, Q_3, M から作成する．
- 外れ値はすべて ◦（のようなわかりやすい記号）でプロットする．
- 外れ値を除いたデータの最小値と最大値をひげの両端とする．

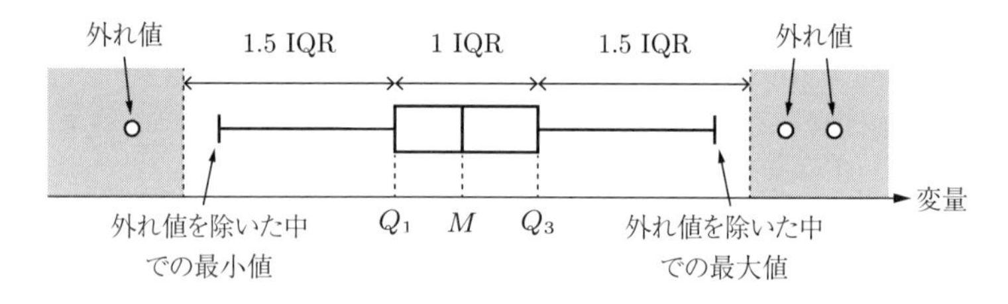

図 4.5　外れ値付き箱ひげ図

演習問題

演習問題 A

1　2つのドリンクディスペンサー S_1，S_2 は，どちらもボタンを押すと約 250 mL のドリンクを注ぐ．それぞれ 30 杯ずつドリンクの量を調べたところ，次のデータが得られた．

ディスペンサー	S_1 (mL)	S_2 (mL)
最小値	245.2	247.5
第 1 四分位数	247.6	248.7
中央値	249.8	249.8
平均	250.0	250.0
第 3 四分位数	251.9	252.1
最大値	254.4	253.2

〔1〕 S_1 と S_2，それぞれの範囲と四分位範囲を求めよ．

〔2〕 S_1 と S_2 のうち，どちらがばらつきが少なく，安定してドリンクを供給しているといえるか．〔1〕で求めた範囲および四分位範囲の値を比較して答えよ．

2　次の図は，2021 年 8 月 1 日〜8 月 31 日の，札幌・仙台・東京・福岡・那覇の 5 都市の最高気温（日ごとの値，単位：°C）の基本箱ひげ図である．外れ値を「第 1 四分位数」−「四分位範囲」× 1.5 より小さい観測値，または，「第 3 四分位数」＋「四分位範囲」× 1.5 より大きい観測値で定めたとき，外れ値が存在する都市を 5 都市のなかから二つ選べ．

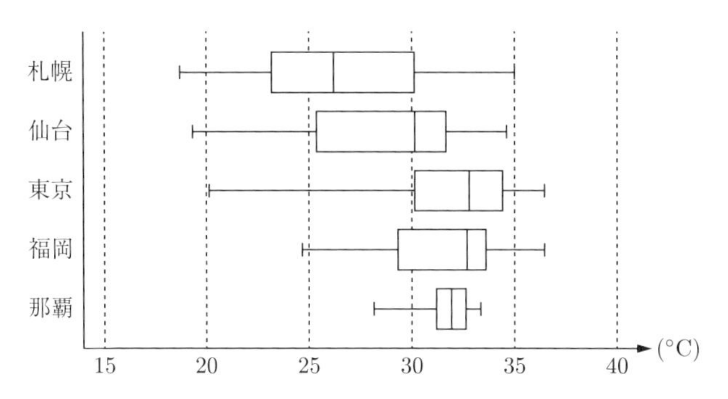

資料：気象庁「気象観測データ」

① 札幌　　② 仙台　　③ 東京
④ 福岡　　⑤ 那覇

演習問題 B

1　［2019 年 6 月実施　統計検定®3 級問 6 より］

次の図は，あるクラスで行われたそれぞれ 100 点満点の理科と数学のテストに関する，A さんの成績表である．成績表にジュースをこぼしてしまったため一部が見えなくなったが，A さんは理科と数学の偏差値が同じであったことは覚えていた．

	得点	クラスの平均値	クラスの標準偏差	偏差値
理科	78	66.0	16.0	
数学	69	60.0		

〔1〕　A さんの理科の偏差値はいくらか．次の①〜⑤のうちから最も適切なものを一つ選べ．

① 54.5　② 55.5　③ 56.5　④ 57.5　⑤ 58.5

〔2〕　このクラスの数学の標準偏差はいくらか．次の①〜⑤のうちから最も適切なものを一つ選べ．

① 10.6　② 12.0　③ 13.8　④ 16.4　⑤ 20.0

〔3〕 数学の平均値を理科の平均値と等しくするために，数学について，実際の点数（以下，変更前の点数とよぶ）の 1.1 倍の点数（以下，変更後の点数とよぶ）としたら，評価がどのように変わるか考えてみることにした．なお，変更後の点数は小数点以下 1 ケタまで含める．変更前と変更後の点数に関する記述について，次の①～⑤のうちから最も適切なものを一つ選べ．

① 変更前と比べて，変更後の点数の中央値は変わらない．
② 変更前と比べて，変更後の点数の標準偏差は変わらない．
③ 変更前と比べて，変更後の点数の標準偏差は小さくなる．
④ 変更前と変更後の点数で，A さんの偏差値は変わらない．
⑤ 変更前と変更後の点数で，A さんの偏差値は大きくなる．

2　［2016 年 6 月実施　統計検定®3 級問 7 より］

次のヒストグラムは，平成 24 年の 47 都道府県別の交通事故発生件数をもとに，人口 10 万人当たりの交通事故発生件数の分布を表したものである．

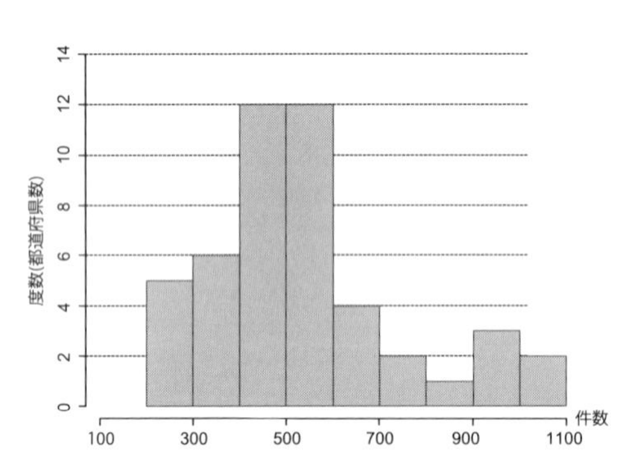

資料：警察庁「平成 24 年交通事故発生状況」

〔1〕 このヒストグラムを箱ひげ図で表したものとして，次の①～⑤のうちから最も適切なものを一つ選べ．

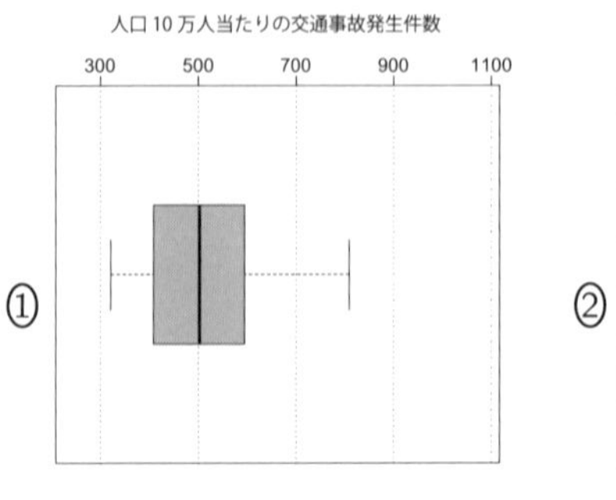

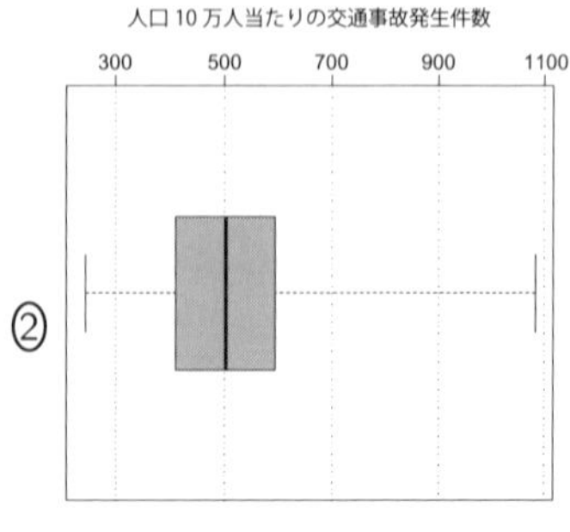

③
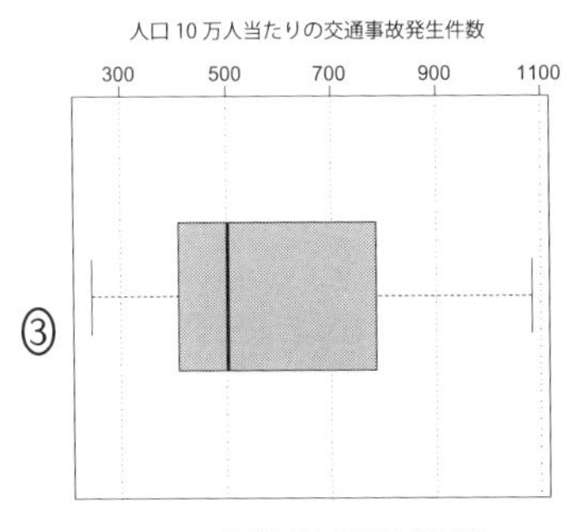

④
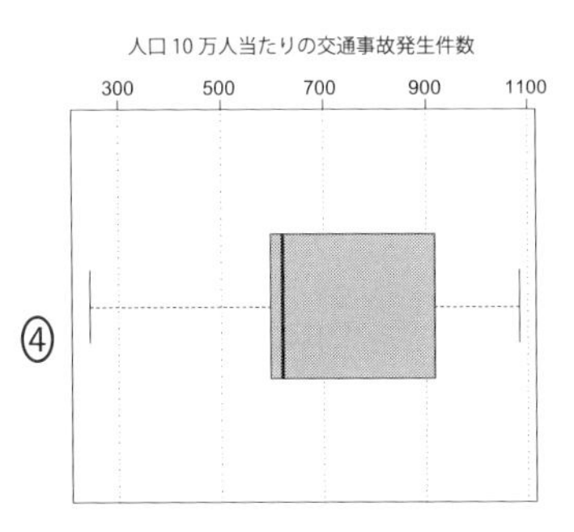

⑤
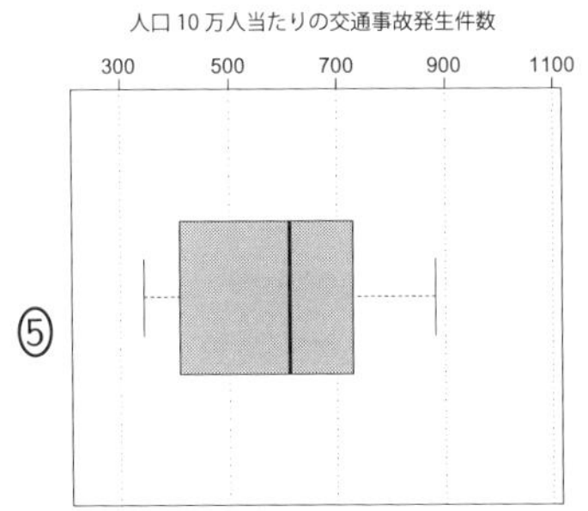

〔2〕 このヒストグラムからわかることとして，次の I～III の記述を考えた.

> I.　人口 10 万人当たりの交通事故発生件数の中央値は 500 以上である.
> II.　第 3 四分位数は 800 より大きいことから，全体の 25%以上の都道府県では人口 10 万人当たり 800 件以上の交通事故が発生している.
> III.　人口 10 万人当たりの交通事故発生件数の範囲は 900 よりも大きい.

この記述 I ～ III に関して，次の①～⑤のうちから最も適切なものを一つ選べ.

① I のみ正しい　　② II のみ正しい
③ III のみ正しい　　④ I と II のみ正しい
⑤ I と III のみ正しい

5　量的な2変量データの関連性：相関と因果

問 5.1　散布図

下の図は，1960 年から 2019 年の 60 年間の岡山市の熱帯夜（最低気温が 25 °C 以上の日）の日数と猛暑日（最高気温が 35 °C 以上の日）の日数を散布図で表したものである．

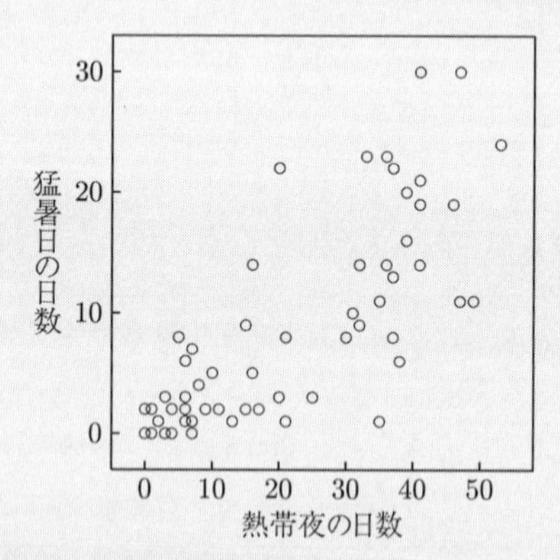

（資料：気象庁のデータより作成）

熱帯夜の日数と猛暑日の日数の相関関係として最も適切なものを，次の①～③のうちから一つ選べ．

① 正の相関あり　　② 無相関　　③ 負の相関あり

問 5.2　散布図と相関係数

変量 x と y の 100 組のデータ $(x_1, y_1), (x_2, y_2), \ldots, (x_{100}, y_{100})$ から x と y の分散 ${s_x}^2$ と ${s_y}^2$，x と y の共分散 s_{xy} を計算したところ，

$$
{s_x}^2 = 9.0, \quad {s_y}^2 = 4.0, \quad s_{xy} = -0.6
$$

であった．このとき，これらの値から計算される相関係数 r_{xy} と対応する散布図の組合せとして最も適切なものを，次の①～④のうちから一つ選べ．

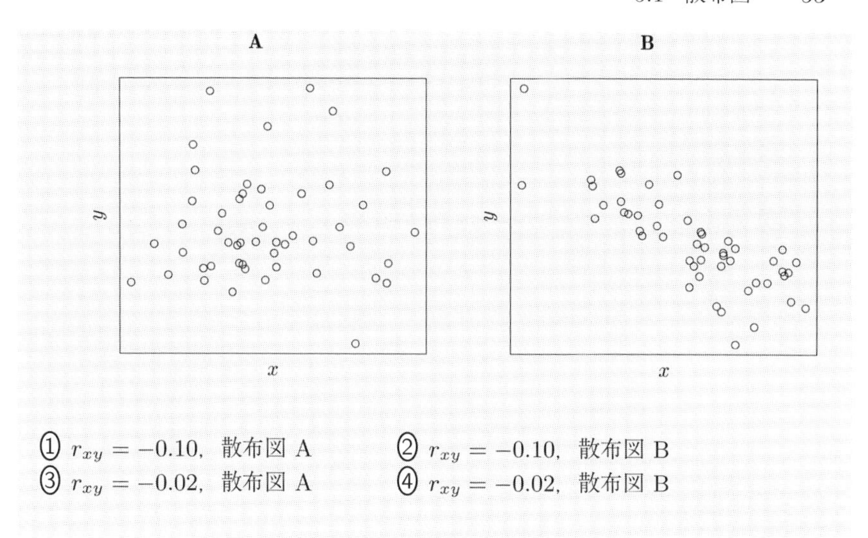

① $r_{xy} = -0.10$，散布図 A　② $r_{xy} = -0.10$，散布図 B
③ $r_{xy} = -0.02$，散布図 A　④ $r_{xy} = -0.02$，散布図 B

5.1 散布図

1 変量のデータ解析では，データの分布からその中心位置や散らばりをみた．データの分布を表にまとめたものが度数分布表であり，それをグラフ化したものがヒストグラムである．これらにより，データの分布を視覚的に確認することができる．また，特性値はデータを 1 つの数値として要約したものである．平均値や中央値，最頻値等の代表値はデータの中心位置を示すものであり，分散や標準偏差，四分位数等はデータの散らばりをみる散布度の指標である．

一方，2 変量のデータ解析では，変量間の関連を調べる．統計学では，変量間の直線関係によりその関連性の強さをみる．データが量的な場合，この関連性を**相関**とよぶ．また，1 変量のデータ解析と同様に，相関はグラフ表示と数値からみることができる．

変量 x と y の n 組のデータ $(x_1, y_1), (x_2, y_2), \ldots, (x_n, y_n)$ が得られたとする．各 (x_i, y_i) を xy 座標平面上の点と捉え，点 (x_i, y_i) を平面上にプロットした図を**散布図**という．散布図を描くことにより 2 変量の相関の強さを視覚的に捉えることができる．

散布図において，x の値が大きくなるに従い y の値も大きくなる傾向がある，すなわち，一方の変量の値が増えたとき他方の変量の値も増える傾向があるとき，**正の相関**があるという．逆に，x の値が大きくなるに従い y の値が小さくなる傾向がある（一方の変量の値が増えたとき他方の変量の値は減る傾向がある）とき，**負の相関**があるという．x の値の増減が y の値の変化に関係しない傾向がみられるとき，**無相関**という．図 5.1 は，正の相関，無相関，そして，負の相関を示す散布図である．

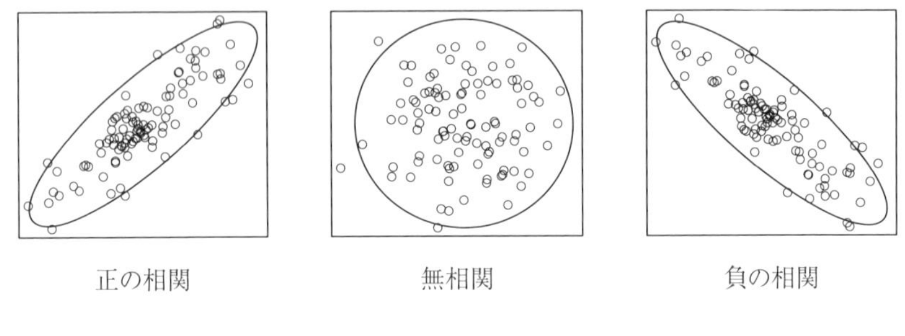

正の相関　無相関　負の相関

図 5.1　散布図

相関は 2 変量の直線的な関連の強さに着目するため，直線に近い形状でデータ点が配置されると強い相関関係，そうでないときに弱い相関関係になる．

問 5.1 の解説

散布図より，x の値が大きくなるに従い y の値も大きくなる傾向がみられ，正の相関があることがわかる．したがって，①である．

5.2　共分散と相関係数

次に，数値により相関の強弱や正負を表すことを考える．そのための指標として，**共分散**と**相関係数**がある．これらの指標を用いることにより，相関関係を定量的に評価することができる．

5.2.1　共分散

変量 x と y について，データ $(x_1, y_1), (x_2, y_2), \ldots, (x_n, y_n)$ が与えられたとする．このとき，x と y の共分散 s_{xy} は

$$s_{xy} = \frac{1}{n}\sum_{i=1}^{n}(x_i - \overline{x})(y_i - \overline{y}) \tag{5.1}$$

で定義される．ここで，$\overline{x}$ と $\overline{y}$ はそれぞれ x と y の平均値である．

図 5.2 は，平均値 $\overline{x}$ と $\overline{y}$ で 4 領域に分けたものである．図の右上と左下に多くのデータ点が配置されるとき $s_{xy} > 0$ となり，逆に右下と左上に多くのデータ点が配置されるとき $s_{xy} < 0$ となることがわかる．散布図のデータ点の配置が，正の相関関係にあるときは右肩上がり，負の相関関係にあるときは右肩下がりとなる．以上をまとめると，共分散と散布図の関係は，

- 正の相関関係があるとき，$s_{xy} > 0$ でデータ点は**右肩上がり**の傾向，
- 負の相関関係があるとき，$s_{xy} < 0$ でデータ点は**右肩下がり**の傾向

となる．そして，s_{xy} が 0 に近づくほど無相関となる．

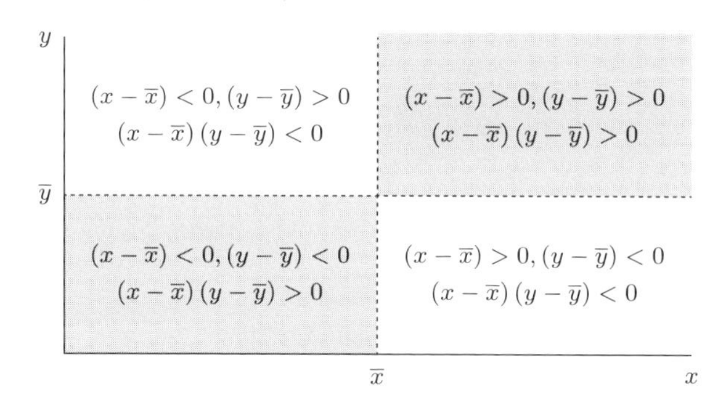

図 5.2　共分散の説明

5.2.2　相関係数

共分散により 2 つの変量間の相関を測ることができるが，この値は変量の単位に依存する．たとえば，x を身長 (m)，y を体重 (kg) としたデータからの共分散の値が s_{xy} であったとする．このとき，x の単位を cm，y を g に変更すると，共分散の値は $100 \times 1000 \cdot s_{xy}$ になる．x と y の標準偏差

を s_x, s_y でそれぞれ表すとき，相関係数 r_{xy} は次の式で定義される：

$$r_{xy} = \frac{s_{xy}}{s_x s_y} = \frac{\frac{1}{n}\sum_{i=1}^{n}(x_i - \overline{x})(y_i - \overline{y})}{\sqrt{\frac{1}{n}\sum_{i=1}^{n}(x_i - \overline{x})^2}\sqrt{\frac{1}{n}\sum_{i=1}^{n}(y_i - \overline{y})^2}} \tag{5.2}$$

いま，x_i と y_i を標準化して

$$u_i = \frac{x_i - \overline{x}}{s_x}, \qquad v_i = \frac{y_i - \overline{y}}{s_y}$$

とおくと，式 (5.2) は

$$r_{xy} = \frac{1}{n}\sum_{i=1}^{n}\left(\frac{x_i - \overline{x}}{s_x}\right)\left(\frac{y_i - \overline{y}}{s_y}\right) = \frac{1}{n}\sum_{i=1}^{n} u_i v_i$$

である．相関係数は x と y を標準化したときの共分散である．

相関係数が取る値の範囲は，

$$-1 \leq r_{xy} \leq 1$$

であり，直線に近い関係になるほど $|r_{xy}|$ は 1 に近づく．ある直線 $y = \alpha + \beta x$ $(\beta \neq 0)$ 上にすべての点 $(x_i, y_i)\,(i = 1, 2, \ldots, n)$ が配置するとき，$|r_{xy}| = 1$ となる．このことからも，相関係数が 2 変量の関連性の強さを直線的な関係で測る尺度であることがわかる．図 5.3 より，相関が強いほどデータ点は直線上に配置され，それが弱くなるにつれてその傾向が見えなくなる．

相関の強さと相関係数の値との関係について，表 5.1 のような関係がある．相関係数は，その値の絶対値から相関の強弱，そして，その符号から相関の向き（正負）をみることができる．

表 5.1　相関係数の値と相関の強さ

r_{xy}	解釈
$\lvert r_{xy}\rvert \leq 0.2$	ほとんど相関なし
$0.2 < \lvert r_{xy}\rvert \leq 0.4$	弱い相関あり
$0.4 < \lvert r_{xy}\rvert \leq 0.7$	中程度の相関あり
$0.7 < \lvert r_{xy}\rvert \leq 1.0$	強い相関あり

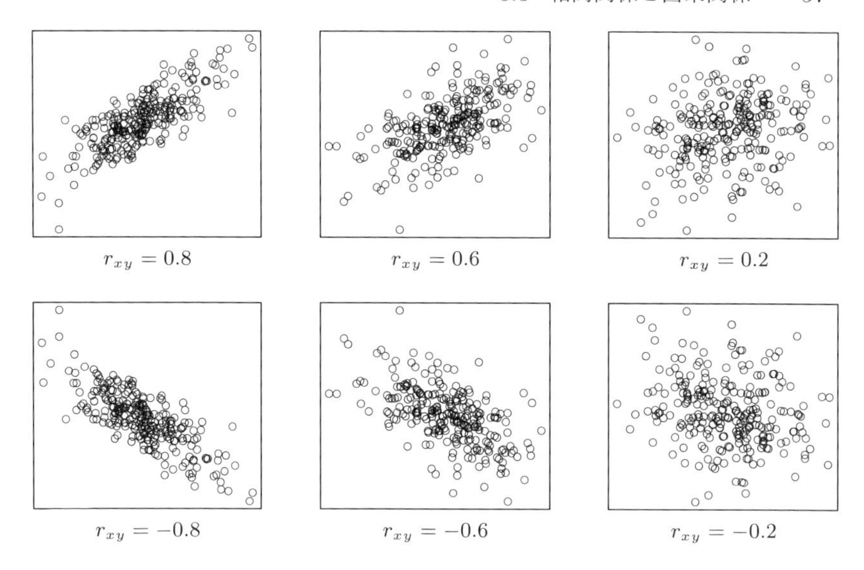

図 5.3 相関係数と散布図

問 5.2 の解説

x と y の分散が $s_x{}^2 = 9.0$, $s_y{}^2 = 4.0$, x と y の共分散が $s_{xy} = -0.6$ であるので，相関係数 r_{xy} は

$$r_{xy} = \frac{s_{xy}}{s_x s_y} = \frac{-0.6}{3.0 \times 2.0} = -0.1$$

である．また，この相関係数の値は 0 に近いため，散布図は A である．よって，相関係数 r_{xy} と対応する散布図の組合せは①である．

5.3 相関関係と因果関係

2 つの変量の関係性を考える際に，相関の他に**因果**という概念がある．相関は x が増加するとき，y が増加または減少する傾向が認められるという関係性に注目するというものであった．一方，因果は x を原因とし，それによって生じる結果 y との関係性をみるものである．また，因果関係が存在すれば相関関係も存在することもあるが，相関関係の存在が必ずしも因果関係の存在を示すとは限らない．

たとえば，高度成長期の日本においては，(A)「経済的に豊かになったので，マイカーを購入する人が増えた」，また，(B)「経済的に豊かになったので，旅行に出かける人が増えた」という現象が起きたことが想像される．これらは，経済的に豊かになったという原因による結果であり，どちらも因果関係を考えることができる．

次に (A) と (B) から，(C)「マイカーを購入する人が増えたので，旅行に出かける人が増えた」という「マイカーを購入する人数と旅行に出かける人数」の関連性を考える．このとき，(C) には関連があるように思われるが，これは見かけ上の相関（**擬似相関**）である．擬似相関とは，注目する変量 x と y とは異なる第3番目の変量 z が x と y の両方に影響を与え，それにより x と y の間に強い相関関係がみられることをいう．(C) において，x をマイカーの購入した人数，y を旅行に出かけた人数として散布図に描く，または相関係数を計算すると，正の相関関係がみられるはずである．しかし，これは経済的に豊かになる (z) という原因が，x と y の相関に影響を及ぼしており，擬似相関が生まれる因子になっている．この関係を図示したものが，図5.4である．

第3の変量の影響を除いた上で，2つの変量間の相関を測る尺度が**偏相関係数**である．データ $(x_1, y_1, z_1), (x_2, y_2, z_2), \ldots, (x_n, y_n, z_n)$ が与えられたとき，偏相関係数 $r_{xy.z}$ は次の式

$$r_{xy.z} = \frac{r_{xy} - r_{xz} r_{yz}}{\sqrt{1 - {r_{xz}}^2}\sqrt{1 - {r_{yz}}^2}}$$

で求めることができる．図5.4のような関係が x, y, z にあり，それぞれの相関係数が $r_{xy} = 0.7, r_{xz} = 0.8, r_{yz} = 0.8$ であったとする．このとき，x と y の相関係数 $r_{xy} = 0.7$ は強い正の相関関係を示している．しかし，偏相関係数を計算すると $r_{xy.z} = 0.167$ となり，z の影響を取り除いた場合には x と y にはほんとんど相関関係がないという結果になる．このように，実際のデータ解析において第3の変量 z が x と y に影響を与える背景因子として疑われる場合には，その影響を排除して x と y の相関関係をみる必要がある．

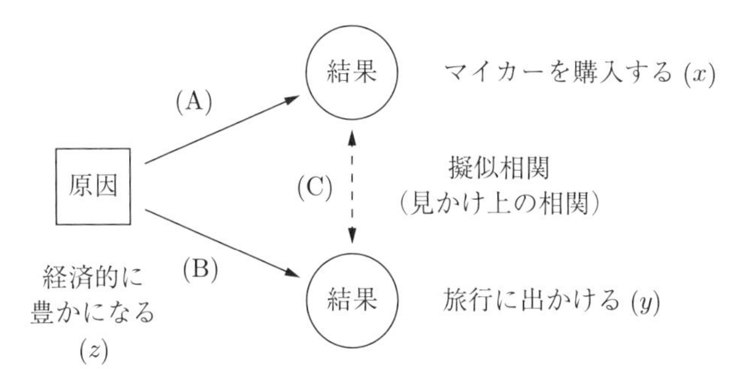

図 5.4　擬似相関

演習問題

演習問題 A

1　ある学年の 100 人を対象に，数学と英語の試験をおこなった．表 5.2 は 2 科目の点数の平均と標準偏差，および数学と英語の共分散の値である．ただし，両科目とも 100 点満点とする．

表 5.2　数学と英語の平均と標準偏差，および共分散の値

	数学	英語
平均	70	60
標準偏差	5	10
共分散	25	

〔1〕 数学と英語の点数の相関係数の値を求めよ．

〔2〕 数学の点数のみを 200 点満点に換算したときの数学と英語の共分散の値を求めよ．

〔3〕 100 人の数学と英語の点数を標準化したときの数学と英語の共分散と相関係数の値を求めよ．

演習問題 B

1　［2021 年 6 月実施　統計検定®3 級問 8 〔1〕，〔2〕 より］

次の図は，2016 年度の 47 都道府県別の年平均気温（単位：°C）と年間雪日数（単位：日）の散布図である．

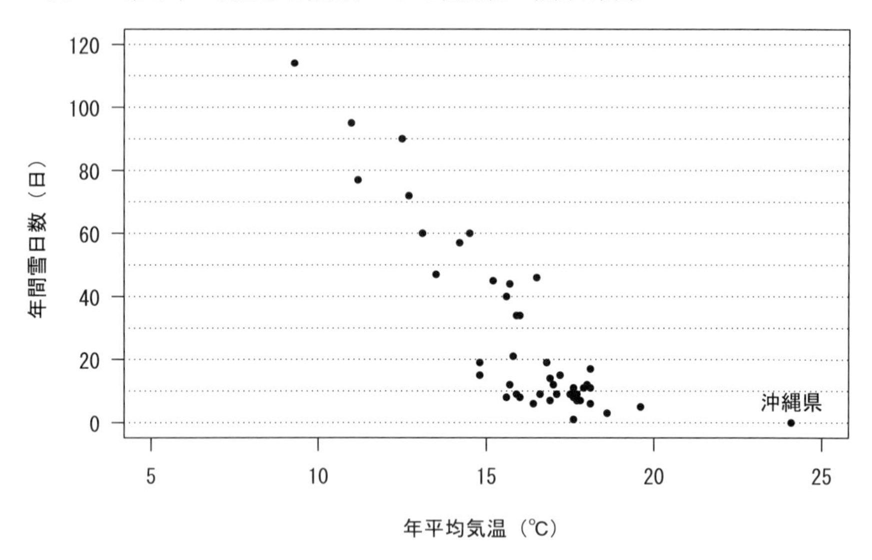

資料：総務省統計局「統計でみる都道府県のすがた 2018」

〔1〕 この散布図から読み取れることとして，次の①～⑤のうちから最も適切なものを一つ選べ．

① 年平均気温は年間雪日数とは関連がみられない．
② 年平均気温が下がれば年間雪日数が増加する傾向があるため，年平均気温は年間雪日数と正の相関関係にある．
③ 年平均気温が上がれば年間雪日数が減少する傾向があるため，年平均気温は年間雪日数と負の相関関係にある．
④ 地球温暖化の影響により，近年の年平均気温は上昇傾向にあり，年間雪日数は減少傾向にある．
⑤ 年平均気温が下がれば，1日当たりの降雪量も増加する傾向にある．

〔2〕 年平均気温と年間雪日数について，すべてのデータで算出した相関係数を r_1，沖縄県を除いたデータで算出したものを r_2 とする．r_1 と r_2 の関係について，次の①～⑤のうちから最も適切なものを一つ選べ．

① $r_1 > r_2$　② $|r_1| + |r_2| = 1$　③ $r_1 = r_2$
④ $|r_1| \times |r_2| = 1$　⑤ $r_1 < r_2$

6 回帰直線と予測

問 6.1 回帰直線

次の表は，1960 年から 2019 年の 60 年間の岡山市の熱帯夜（夜間の最低気温が 25 ℃以上のこと）の日数と猛暑日（日最高気温が 35 ℃以上の日）の日数についてまとめたものである（気象庁のデータより作成）.

	猛暑日 (x)	熱帯夜 (y)
平均	8.35	20.82
分散	69.03	260.32
共分散	104.26	

このとき，猛暑日の日数を x，熱帯夜の日数を y として，x で y を説明する回帰直線の式を，次の①～⑤のうちから最も適切なものを一つ選べ.

① $y = 0.01 + 0.40x$　② $y = 8.35 + 0.40x$
③ $y = 8.21 + 1.51x$　④ $y = 20.82 + 1.51x$
⑤ $y = -2.49 + 0.77x$

問 6.2 散布図と回帰直線

あるクラス 30 名の生徒が英語の試験を 1 週間空けて 2 度受けた．下図はその結果を散布図に表したものである.

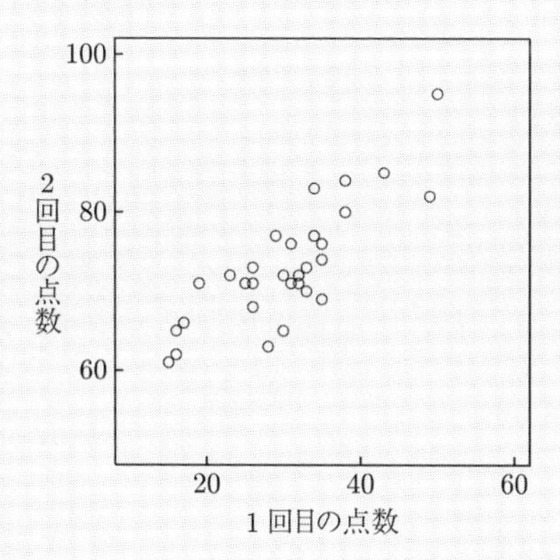

このとき，1回目の試験の点数を x，2回目の試験を y として，x で y を説明する回帰直線を求めたところ，

$$y = 51.76 + 0.71x$$

という結果が得られた．
この結果に関して，次のI〜IIIの記述を考えた．

I. 1回目の試験の点数が0点の学生がいれば，2回目の試験の点数はおよそ52点である．

II. 1回目の試験の点数が1点上がれば，2回目の試験の点数はおよそ0.7点上がる．

III. 2回目の試験の点数が80点の学生がいれば，1回目の試験の点数はおよそ40点である．

このI〜IIIの記述に関して，次の①〜⑤のうちから最も適切なものを一つ選べ．

① Iのみ正しい　② IIのみ正しい　③ IIIのみ正しい
④ IとIIのみ正しい　⑤ IIとIIIのみが正しい

6.1 回帰直線

6.1.1 回帰直線の考え方

表6.1はある地域の8月の各日の平均気温と消費電力を記録したものであり，図6.1はその日平均気温を x 軸，消費電力を y 軸にとって描いた散布図である．

図6.1より，明らかに2つの変量の間には，右上がりの直線的な傾向があり，日平均気温が高くなると（x が増えると），消費電力も多くなる（y も増える）という関係が見て取れる．日平均気温が消費電力に影響を与えることは十分に認められるので，この直線関係を1本の直線で近似すれば，関係を説明したり，x の値から y の値を予測したりできるようになる．この例のように，x を用いて y を説明する場合，x と y が対等である相関関係（どちらを x にしても相関係数は同じ）と異なり，x から y を説明するという「方向」が存在する．

表 6.1　日平均気温と消費電力の関係

月日	日平均気温 (°C)	消費電力 (万 kW)	月日	日平均気温 (°C)	消費電力 (万 kW)
8/1	29.9	698.9	8/17	24.4	660.4
8/2	30.1	811.4	8/18	24.4	678.5
8/3	30.4	825.4	8/19	25.4	698.5
8/4	31.0	853.2	8/20	25.3	711.2
8/5	31.2	866.5	8/21	26.1	657.4
8/6	31.9	842.9	8/22	26.2	640.3
8/7	30.8	771.8	8/23	27.5	743.2
8/8	28.7	706.5	8/24	27.8	734.4
8/9	27.0	641.4	8/25	28.7	774.2
8/10	27.2	686.7	8/26	28.6	783.0
8/11	25.5	640.7	8/27	27.9	778.9
8/12	23.1	586.3	8/28	28.7	705.5
8/13	24.8	569.3	8/29	28.5	676.9
8/14	22.8	553.6	8/30	28.5	775.2
8/15	25.1	562.8	8/31	28.3	789.4
8/16	23.8	613.0			

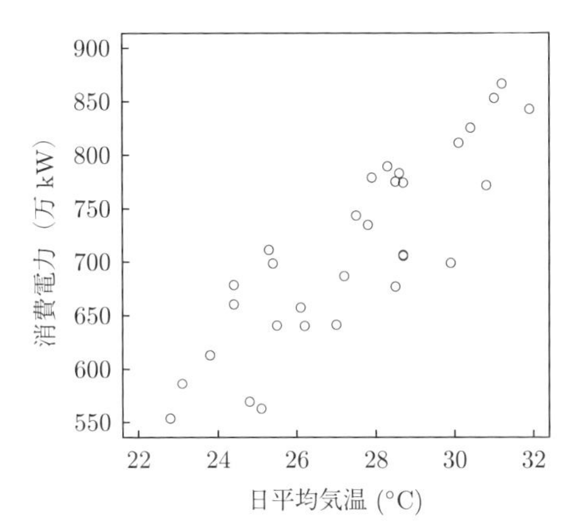

図 6.1　日平均気温と消費電力の関係

このように,「方向」を意識して, x によって y を表し, y の様子を説明したり, 新たな x から y を予測することを**回帰分析**という. x と y の関係を直線で表す場合, その直線のことを**回帰直線**とよび, その式は, いわゆる 1 次関数

$$y = \alpha + \beta x \tag{6.1}$$

の形で表される. この式を**回帰式**とよび, α を定数項, 係数 β を**回帰係数**という. また, x を**説明変数**, y を**目的変数**（または, 被説明変数）とよぶ.

説明変数は**独立変数**，目的変数は**従属変数**とよぶこともある．これらの呼び方にも「方向」の意味が含まれている．

表 6.1 のデータに対する回帰直線は図 6.2 のようになり，回帰式は，

$$\hat{y} = -113.02 + 30.062x \tag{6.2}$$

となる．所与の x からこの式を用いて得られる値が y の**推定値**（または**予測値**）であり，元の観測値と区別して，^（ハット）をつけて表すことにする．この求め方は次の 6.1.2 項で説明する．

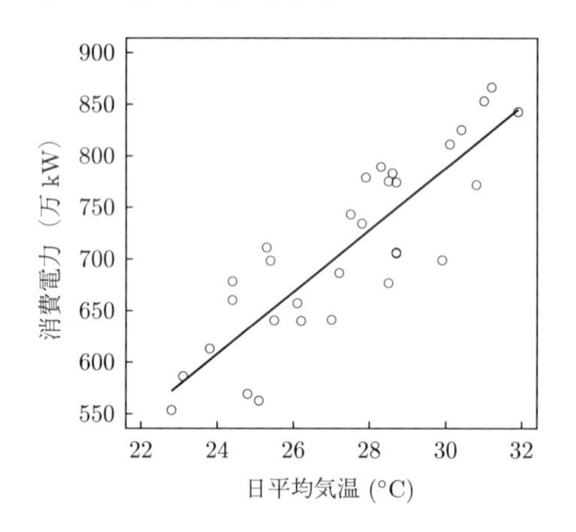

図 6.2　日平均気温と消費電力の回帰直線

回帰分析では，通常，説明変数が目的変数に与える影響を考察するので，式 (6.2) の回帰係数 β の値 30.062 に着目し，「日平均気温が 1°C 上昇すると，消費電力が約 30 万 kW 増える」と解釈する．

注意 6.1　中学校で習った 1 次関数では，定数項の α は y 切片で，$x=0$ のときの y の値とされるが，回帰では，定数項には直接的な関心をもたないことが多い．また，この例では，日最高気温が 0°C のとき，消費電力はマイナスとなり，おかしなことになる．実際，気温が下がれば，暖房を使うので，逆に消費電力は増える．観測範囲外の 1 月や 2 月の消費電力を式 (6.2) で予測してはいけないということである．形式的に y 切片を解釈しないこと，観測している現象をよく確認して判断することが大切である．

6.1.2　回帰直線の求め方（最小二乗法）

回帰直線の求め方を簡単な例で説明する．xy 座標平面上に，A(1,1)，B(2,2)，C(3,1)，D(4,4)，E(5,3) の 5 つの点があるとする．図 6.3 に，それらしく引いた直線を 3 つ示したが，(a) は 5 つの点をうまく代表していないように見えるが，(b) と (c) については，どちらもよさそうである．そこで，最も適した直線を決めるために，次のように考える．

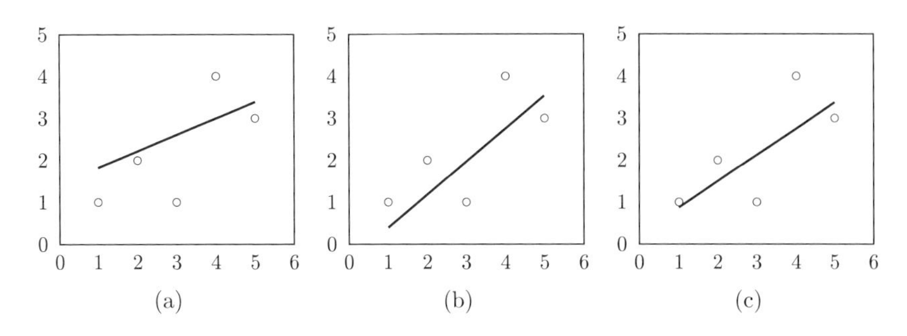

図 6.3　観測点を代表する直線を引いてみる

観測値を $(x_1, y_1), (x_2, y_2), \ldots, (x_n, y_n)$ とする．図 6.4 のように，回帰直線が求められたとして，その回帰式を $y = \alpha + \beta x$ とする．α と β を求める方法として，この直線と各点のずれを最も小さくするような直線を見つけるのが妥当と考えられる．x から y を推定するという「方向」を考えるので，図 6.4 のように，x_i が与えられたときのずれは，y_i と回帰直線による推定値 $\hat{y}_i$ との差 $e_i = y_i - \hat{y}_i$ となる．このずれを**残差**（または**推定誤差**）とよび，すべての残差が何らかの基準で総合的に最小となるように α と β を定める．その基準として，残差平方和

$$
\begin{aligned}
Q &= (y_1 - \hat{y}_1)^2 + (y_2 - \hat{y}_2)^2 + \cdots + (y_n - \hat{y}_n)^2 \\
&= \{y_1 - (\alpha + \beta x_1)\}^2 + \{y_2 - (\alpha + \beta x_2)\}^2 + \cdots + \{y_n - (\alpha + \beta x_n)\}^2
\end{aligned}
\tag{6.3}
$$

を最小にする方法で α と β を求める．この方法を**最小二乗法**という．この方法で Q を最小にする α, β を $\hat{\alpha}, \hat{\beta}$ で表すと，次のようにまとめられる．

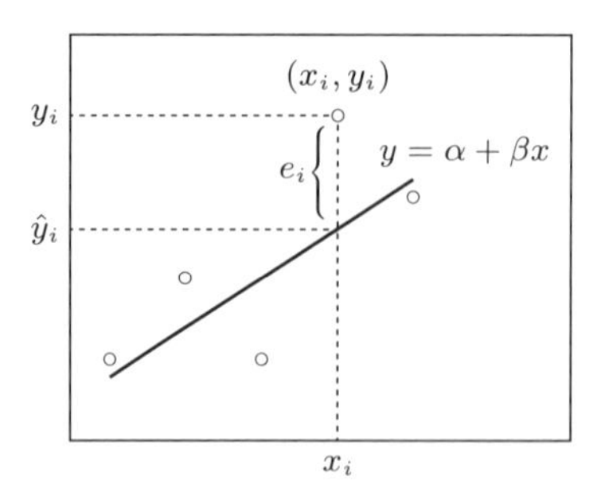

図 6.4　最小二乗法の考え方

回帰直線の回帰係数と定数項

回帰直線 $\hat{y} = \hat{\alpha} + \hat{\beta}x$ の回帰係数 $\hat{\beta}$ と定数項 $\hat{\alpha}$ は，

$$\hat{\beta} = \frac{s_{xy}}{{s_x}^2}, \qquad \hat{\alpha} = \overline{y} - \hat{\beta}\,\overline{x} \tag{6.4}$$

である．ここで，$\overline{x}, \overline{y}$ はそれぞれ x, y の平均値，${s_x}^2$ は x の分散，s_{xy} は x と y の共分散である．

$\hat{\beta}$ と相関係数 r_{xy} の間には，$\hat{\beta} = r_{xy}\dfrac{s_y}{s_x}$ の関係がある．回帰直線は $y - \overline{y} = \hat{\beta}(x - \overline{x})$ とも表すことができるので，回帰直線は必ず点 $(\overline{x}, \overline{y})$ を通ることがわかる．

先の5組の観測値の回帰式を求めてみよう．各統計量は次のとおりである．

	x	y
平 均	3	2.2
分 散	2	1.36
共分散	1.2	

式 (6.4) より，$\hat{\beta} = \dfrac{s_{xy}}{{s_x}^2} = \dfrac{1.2}{2} = 0.6$, $\hat{\alpha} = \overline{y} - \hat{\beta}\,\overline{x} = 2.2 - 0.6 \times 3 = 0.4$ となるので，回帰式は，

$$\hat{y} = 0.4 + 0.6x$$

となる．この式の直線を引いたのが，図 6.3 の (c) である．

なお，式 (6.4) は，残差平方和 Q を α で偏微分した式と β で偏微分した

式を 0 とおいた式を連立させる（これを正規方程式という）ことで導けるが，実際の値の算出には Excel などを利用すればよい（注意 6.2〜6.5 も参照のこと）.

注意 6.2 $\hat{\alpha}$, $\hat{\beta}$ の値は，Excel や統計解析パッケージなどですぐに得られる．Excel であれば，散布図を描いたのち，グラフ上の 1 つの点を右クリックして表示されるメニューで［近似曲線の追加 (R)］を指定するだけで，そのグラフ上に回帰直線が描かれる．また，近似曲線の書式設定で［グラフに数式を表示する (E)］にチェックを入れると回帰式も表示される.

注意 6.3 説明変数が 1 つの場合，$\hat{\alpha}$, $\hat{\beta}$ は平方完成を用いて求めることもできる．式 (6.3) に 5 組の (x_i, y_i) を代入すると，

$$\begin{aligned} Q &= \{1-(\alpha+1\times\beta)\}^2+\{2-(\alpha+2\times\beta)\}^2+\{1-(\alpha+3\times\beta)\}^2 \\ &\quad +\{4-(\alpha+4\times\beta)\}^2+\{3-(\alpha+5\times\beta)\}^2 \\ &= 5\{\alpha-(2.2-3\beta)\}^2+10(\beta-0.6)^2+3.2 \end{aligned}$$

と平方完成の形に変形できるので，$\hat{\beta}=0.6$, $\hat{\alpha}=2.2-3\hat{\beta}=0.4$ のとき，Q は最小になる.

注意 6.4 図 6.3 の (b) で引いた直線の式は，$y=-0.25+0.75x$ である．このときの Q を式 (6.3) で求めてみると，$Q=3.625$ となり，最小二乗法で求めた回帰式による Q $(=3.2)$ より大きい.

注意 6.5 一般式による展開や正規方程式の解き方，y で x を説明する場合などは，文献 [14] を参考にするとよい.

6.1.3 あてはまりの良さ

求めた直線が元のデータに対してどれぐらいあてはまっているかを示す指標が**決定係数** R^2 である．決定係数の値のとり得る範囲は，

$$0 \leq R^2 \leq 1$$

で，1 に近いほどあてはまりが良い．この値は，回帰が説明する情報と元の情報との比によって算出される．ここでいう情報とは，ばらつき（変動）のことを指すので，元の y のばらつき（全変動）と回帰による推定値 $\hat{y}$ のばらつき（回帰変動）の関係で R^2 を表す．図 6.5 でいうと，y のずれ $y_i-\overline{y}$ は，回帰による推定値のずれ $\hat{y}_i-\overline{y}$ と残差 $y_i-\hat{y}_i$ に分けられるので，

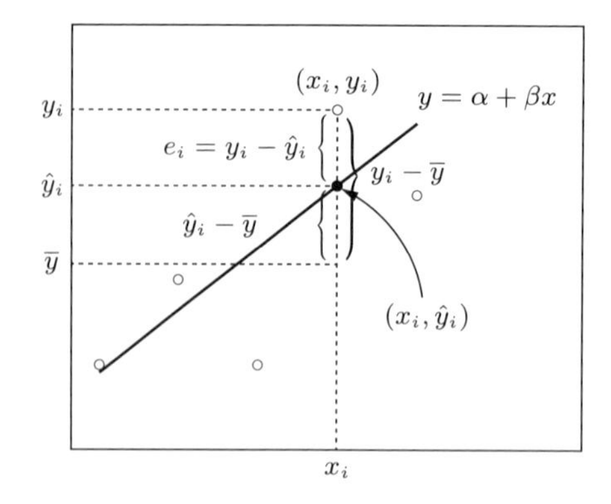

図 6.5　全変動，回帰，残差の各変動

全変動 $\sum_{i=1}^{n}(y_i - \overline{y})^2$，回帰変動 $\sum_{i=1}^{n}(\hat{y}_i - \overline{y})^2$，残差変動 $\sum_{i=1}^{n}(y_i - \hat{y}_i)^2$ には，全変動 = 回帰変動 + 残差変動 の関係が成立する．したがって，決定係数 R^2 は，

$$R^2 = \frac{\sum_{i=1}^{n}(\hat{y}_i - \overline{y})^2}{\sum_{i=1}^{n}(y_i - \overline{y})^2} \quad \left(= 1 - \frac{\sum_{i=1}^{n}(y_i - \hat{y}_i)^2}{\sum_{i=1}^{n}(y_i - \overline{y})^2} \right) \tag{6.5}$$

となる．つまり，R^2 は回帰変動が全変動をどれだけカバーしているか（残差変動がどれだけか）を表している．6.1.2 項の例では，$R^2 = 0.529$ となる．なお，R^2 は，x と y の相関係数 r_{xy} の 2 乗と等しくなる．$R^2 = {r_{xy}}^2$ である．

> **注意 6.6**　Excel の場合，近似曲線の書式設定で［グラフに R-2 乗値を表示する (R)］にチェックを入れると，散布図上に R^2 の値が表示される．

6.1.4　予　測

回帰直線が得られれば，6.1.1 項に示したように，β の値から説明変数が目的変数に与える影響を考察できる．もう 1 つ，回帰分析の大きな役割として，任意の x の値を回帰式に代入して y の値を求める**予測**がある．6.1.1 項の例に戻ると，たとえば，明日の日平均気温が 30 ℃ であるとわかった場合，式 (6.2) の x に 30 を代入すると，$-113.02+30.062\times 30=788.84$（万kW）となり，明日の消費電力は約 789 万 kW になると予測できる．

注意 6.7　直線関係が保証されるのは，元データの x の範囲のみである．6.1.1 項の例では，22.8 ℃ ～ 31.9 ℃ が範囲であり，50 ℃ や 5 ℃ の場合は保証されない．実際，50 ℃ では電気の使い方は変わるであろうし，5 ℃ の場合は冬の電力消費として予測すべきである．現実の場面では融通を認めることがあっても，理論的には保証範囲を押さえておきたい．

問 6.1 の解説

式 (6.4) を用いる．

まず，回帰係数 $\hat{\beta}$ を求める．表より，猛暑日の日数 (x) と熱帯夜の日数 (y) の共分散が $s_{xy}=104.26$，x の分散が $s_x{}^2=69.03$ なので，$\hat{\beta}=\dfrac{104.26}{69.03}=1.51$ となる．次に，この $\hat{\beta}$ と，x の平均 $\overline{x}=8.35$ と y の平均 $\overline{y}=20.82$ を用いて，定数項 $\hat{\alpha}$ が $\hat{\alpha}=20.82-1.51\times 8.35=8.21$ と求まる．

以上より，回帰直線の式は，$y=8.21+1.51x$ となるので，正解は③である．

6.2　回帰直線利用時の留意点

回帰分析は，非常に強力なツールで，多くの場面で利用されている．積極的に利用したいが，次のような点には留意するよう心がけたい．

- 外れ値がある場合，回帰直線も影響されるので，散布図を必ず描くなど，現象をよく把握することが必要である．
- 複数の群が見られる場合，個々の群で回帰直線を求める方がより正確に予測できる．図 6.6 は，今回の例で用いた表 6.1 を平日 (●) と土日祝日 (○) に分けて回帰直線を求めたものである．お盆も土日祝日の方に入れてある．見てのとおり，31 日分を 1 つにして扱うよりも，分けた方がそれぞれのあてはまりが良くなっており（R^2 も 0.529 から 0.919 と 0.898 に増えている），より正確に予測できることがわかる．
- 2 変量の関係が直線と見なせないからといって関係がないとは限らない．曲線のあてはめやデータの変換（たとえば対数変換）などを考える．

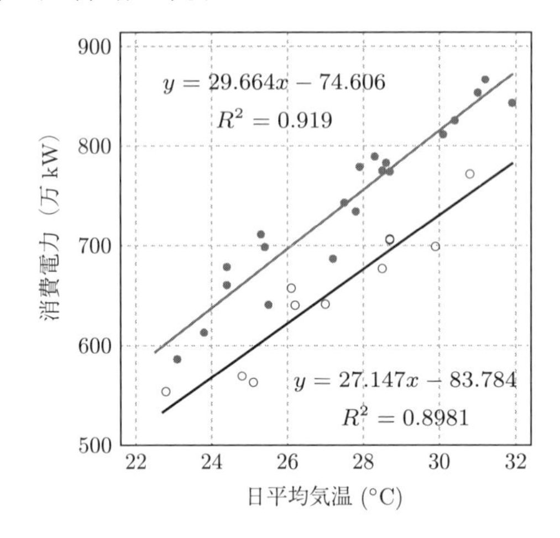

図 6.6　平日と土日祝日を分けた回帰直線

- 回帰直線の前提となる因果関係がある場合，その相関係数はおおむね高いが，相関係数が高いからといって因果関係が成り立つわけではない．
- 直線関係が保証される範囲はデータが存在する x の範囲である．範囲の外側でも直線関係が成り立つかどうかわからない状態で単純に予測してはいけない．注意 6.1 や注意 6.7 はこの意味での注意である．図 6.7 は，今回の例で用いた 8 月を含む年度の 1 年間 365 日分の日平均気温と消費電力をプロットしたものである．8 月は $\bullet$ で，他の月は $\times$ で示してある．夏や冬を一緒にして直線で表すことには無理があることがわかる．こういった考察を加えた上で回帰直線を利用したい．
- 回帰分析には「方向」があるので，x による y の回帰式の y に値を入れて，y から x を求めてはいけない．（y を原因とするならば，x 方向の残差の平方和を最小にする回帰式を作り，そこから x を予測すべきである．）

注意 6.8　本節の説明から，「回帰」の意味は，点の集まりにフィットさせたり予測したりすることと理解したかもしれないが，本来，「回帰」には「元に戻る」や「退行」といった意味しかない．計算の方法や求めるものを表した命名が多い統計用語のなかで，そのような用語が用いられているのは，ゴルトン (Francis Galton, 1822-1911) が，背の高い親から生まれる子は必ずしも親と同じように背が高いわけではなく（背の低い親から生まれた子は必ずしも親と同じように背が低いわけではなく），全体の平均値に近づいていく（退行していく）ことを

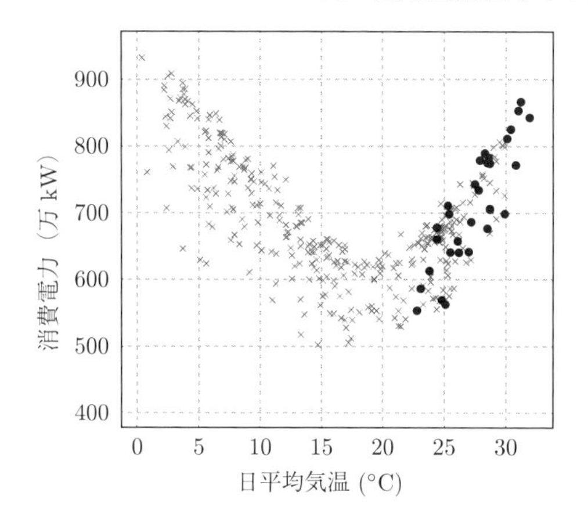

図 6.7 1年間の気温と電力の関係

発見したときに，「平均への回帰」と名づけたことによる．このとき，親と子の身長の散布図を描き，直線をあてはめたりしてきたことで，「回帰」という用語が受け継がれてきたのである．背の高い親のグループの平均値は当然高いが，遺伝の影響がない限り，その子たちの身長は普通の分布となる（高い子も低い子も生まれる）ので，子の平均値は背の高い親の平均値より低くなるわけである．1回目と2回目の平均値と分散がほぼ同じである場合に起こる統計的現象である．このことから，回帰（退行）の現象であるのに，施された処置や対応に効果があったと誤った判断をしてしまうことがある．**回帰の錯誤**（**回帰の誤謬**）である．たとえば，1回目の血圧測定で高めだった人々に「魔法の薬」を与えたら，2回目の測定ではその人たちの平均値が下がった，1回目のテストで成績が悪かった子たちに「必勝勉強法」を伝授したら，2回目に成績が上がった，といったことから，それぞれの対策が効いたと結論してしまうような場合である．薬が効いた人や勉強法が肌に合った人はいるかもしれないが，平均への回帰の影響は排除しきれない．処置や対応が本当に効いたと判断するには，比較対照群を設定するなどして，慎重な検証が必要である．

問 6.2 の解説

I. 回帰直線利用時の留意点の5番目より，0点はこの回帰直線を求めた1回目の試験の点数の範囲に入っていないので，範囲外の x で y を単純に予測してはいけない．

II. 回帰係数 β の値は，x が1増えたときの y の増分を表すので，これは正しい．

III. 回帰直線利用時の留意点の6番目より，2回目の試験の点数 y から1回目

の試験の点数 x を予測してはいけない．

以上より，IIのみ正しいので，正解は②である．

演習問題

演習問題 A

1　ある中学校の生徒104人におこなったスポーツテストの結果から，「走り幅跳び」の記録 (cm) を「垂直跳び」の記録 (cm) と「50 m 走」の記録（秒）それぞれで説明する回帰式を作った．「走り幅跳び」の記録を y,「垂直跳び」の記録を x_1,「50 m 走」の記録を x_2 とすると，

$$y = 20.881 + 10.0836x_1, \quad \text{決定係数 } R^2 = 0.3297$$

$$y = 1038.2 - 80.376x_2, \quad \text{決定係数 } R^2 = 0.6506$$

となった．これより，「垂直飛び」が 1 cm 高く跳べるようになった場合，および「50 m 走」が1秒速くなった場合，「走り幅跳び」の記録はどれだけ伸びるか答えよ．また，回帰式のあてはまりが良いのはどちらか答えよ．

2　あるクラスでは，データを用いて「岡山市の梅の開花日を予想する」という課題に取り組んでいる．岡山市の前年の12月の「平均気温 (°C)」で「梅の開花日」を予測するのがよさそうだということで，2013年から2022年までの10年間のデータを集めた．左の表がそのデータである．「梅の開花日」については，この70年間の平均開花日である2月8日を「0」として，たとえば2月12日は「4」，2月4日は「−4」と数値化している．これをもとに，10年間のデータの統計量を計算したものが右の表である．これについて，下の問いに答えよ．

年	前年12月の気温	梅の開花日
2013	5.3	17
2014	6.6	13
2015	5.5	4
2016	8.4	−1
2017	8.0	1
2018	5.1	19
2019	7.7	−4
2020	7.6	−1
2021	6.5	4
2022	7.0	9

	12月の気温	梅の開花日
最小値	5.1	−4
最大値	8.4	19
平均	6.77	6.1
標準偏差	1.115	7.609
相関係数	−0.801	

資料：気象庁
生物季節観測累年表「梅の開花」
観測開始からの毎月の値（岡山市）

〔1〕　この場合の「12月の平均気温」と「梅の開花日」は，それぞれ何変数とよばれるか．

〔2〕 2022 年の 12 月の平均気温は 5.9 ℃であった．2013 年から 2022 年までのデータを用いて，2023 年の梅の開花日は何月何日になるかを予測せよ．なお，得られた「梅の開花日」の値は四捨五入して，開花の予測日を答えよ．

〔3〕 このクラスでは，「12 月の平均気温」による「梅の開花日」の回帰直線を用いた予測として，次のような考察をおこなった．正しい考察に○，誤っている考察に×をつけよ．

I. 「12 月の平均気温」が 1 ℃上昇すると，「梅の開花日」は 6 日ほど早まる．

II. 2015 年のデータを削除して 9 つのデータで回帰直線を求めると，あてはまりは悪くなる．

III. 回帰による予測はこの表のデータを使っているので，「12 月の平均気温」がちょうど表中にある場合は，そのときの「梅の開花日」の値を使えばよい．たとえば，「12 月の平均気温」が 6.5 ℃なら，回帰による予測として，「梅の開花日」は 4 日後であるといえる．

演習問題 B

1 ［2021 年 6 月実施　統計検定® 3 級問 16 より］

ある疾患の治療では気管チューブが用いられる．身長 140 cm 以下かつ 10 歳以下の小児について，治療に使用した気管チューブの内径を調べたところ，身長（単位：cm）と気管チューブの内径（単位：mm）の相関係数は 0.94 であり，強い相関関係を認めた．そこで，身長 140 cm 以下かつ 10 歳以下の小児に対して，身長から気管チューブの内径を単回帰分析で予測することが可能であると考えた．今回調査した小児において，身長の平均値は 110 cm，標準偏差は 22 cm であった．また，気管チューブの内径の平均値は 5.5 mm，標準偏差は 1.0 mm であった．このとき，この疾患に新たに罹患した 122 cm の 7 歳児に使用する気管チューブの内径の予測値はいくらか．次の①～⑤のうちから最も適切なものを一つ選べ．

① 4.5　② 5.0　③ 5.5　④ 6.0　⑤ 6.5

2 ［統計検定® 3 級新出題範囲例題集（問題および略解）問 4 より］

次の図は，各都道府県の最低賃金（単位：円）と全国物価地域差指数（全国平均 = 100）の散布図および回帰直線である．この回帰直線の式は

$$\text{全国物価地域差指数} = 66.95 + 0.045 \times \text{最低賃金}$$

である．

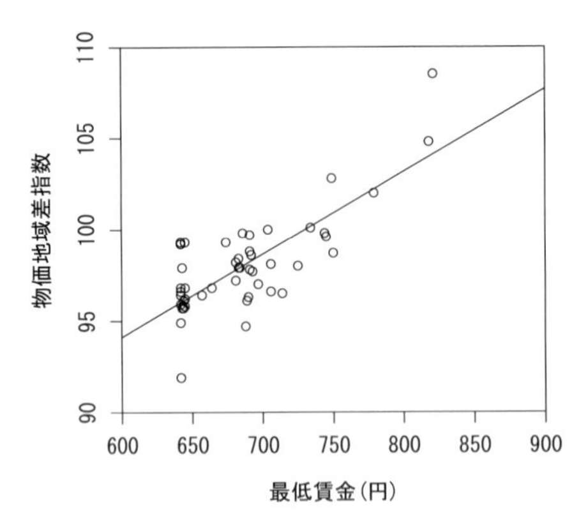

資料：総務省「平成 19 年全国物価統計調査」，
厚生労働省「地域別最低賃金改定状況（平成 22 年）」

この散布図および回帰直線の式から読み取れることとして，次の I〜III の記述を考えた．

I. 最低賃金を 2000 円にすれば，全国物価地域差指数は平均的に 156.95 となる．

II. 最低賃金が 700 円であれば，全国物価地域差指数は平均的に 98.45 である．

III. 全国物価地域差指数が 98.45 であれば，最低賃金は平均的に 700 円である．

この記述 I〜III に関して，次の①〜⑤のうちから最も適切なものを一つ選べ．

① I のみ正しい　② II のみ正しい
③ III のみ正しい　④ I と III のみ正しい
⑤ II と III のみ正しい

7 確率

問 7.1 事象と確率

6 面のさいころを 1 つ投げたときに，偶数の目が出る事象を A，3 の倍数の目が出る事象を B，4 の倍数の目が出る事象を C とする．

〔1〕 全事象（標本空間）U として正しいものを，次の①～④から一つ選べ．

1

① $\varnothing$　② $\{6\}$
③ $\{1,2,3,4,5,6\}$　④ $\{0,1,2,3,4,5,6\}$

〔2〕 次の事象として正しいものを，次の①～⑥から一つずつ選べ．同じものを選んでもよい．

$A \cap B =$ **2**　　$A \cup C =$ **3**

① $\varnothing$　② $\{4\}$
③ $\{6\}$　④ $\{3,6\}$
⑤ $\{2,4,6\}$　⑥ $\{2,3,4,6\}$

〔3〕 次の事象の確率として正しいものを，次の①～⑦から一つずつ選べ．同じものを選んでもよい．

$\Pr(A \cap B) =$ **4**　　$\Pr(A \cup C) =$ **5**

① 0　② $\frac{1}{6}$　③ $\frac{1}{3}$　④ $\frac{1}{2}$　⑤ $\frac{2}{3}$　⑥ $\frac{5}{6}$　⑦ 1

問 7.2 条件付き確率

A の箱には白のボールが 1 個，黒のボールが 2 個入っている．また，B の箱には白のボールが 1 個，黒のボールが 1 個入っている．ここで，A の箱と B の箱は区別がつかないとする．A，B のどちらかの箱を選んで，その箱から 1 個のボールを取り出すとする．このとき，次の問いに答えよ．

〔1〕 A の箱を選んだとき，白のボールを取り出す確率を，次の①〜⑥から一つ選べ． **6**

① $\frac{1}{5}$　② $\frac{1}{3}$　③ $\frac{2}{5}$　④ $\frac{3}{5}$　⑤ $\frac{2}{3}$　⑥ $\frac{4}{5}$

〔2〕 白のボールを取り出す確率を，次の①〜⑥から一つ選べ． **7**

① $\frac{1}{6}$　② $\frac{1}{5}$　③ $\frac{2}{5}$　④ $\frac{5}{12}$　⑤ $\frac{1}{2}$　⑥ $\frac{5}{6}$

〔3〕 白のボールが取り出されたとき，A の箱を選んでいた確率を，次の①〜⑥から一つ選べ． **8**

① $\frac{1}{6}$　② $\frac{1}{5}$　③ $\frac{2}{5}$　④ $\frac{1}{4}$　⑤ $\frac{5}{12}$　⑥ $\frac{3}{5}$

7.1 事象と確率

本節では，確率とその周辺に現れる用語を定義しよう．

7.1.1 試行と事象

確率を考える対象として，試行と事象を考える．**試行**とは，実験や調査・観測などをいう．その結果として起こる事柄を**事象**という．今後，事象は集合の記法を用い，A, B, C などの大文字で表す．

1回の試行において，起こりうる結果全体を集合 U で表し，**全事象**または**標本空間**という．また，空集合 $\varnothing$ を**空**(くう)**事象**という．U の1つの要素からなる事象を**根元**(こんげん)**事象**という．

例題 7.1　6面のさいころを1つ投げる試行（図 7.1）において，次の事象を集合の記法を用いて表せ．

- 偶数の目が出る事象（A で表す）

- 1の目が出る事象（B で表す）
- 全事象
- すべての根元事象

さいころを投げる：試行

1の目が出た：事象

図 7.1　試行と事象

解　$A = \{2,4,6\}$, $B = \{1\}$, $U = \{1,2,3,4,5,6\}$ である（図 7.2 参照）．すべての根元事象は，$\{1\},\{2\},\{3\},\{4\},\{5\},\{6\}$ である．□

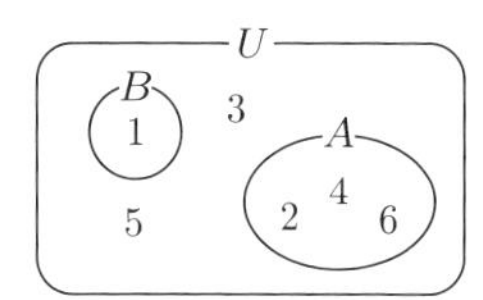

$U = \{1,2,3,4,5,6\}$: 全事象
$A = \{2,4,6\}$: 偶数の目が出る事象
$B = \{1\}$: 1の目が出る事象

図 7.2　事象

7.1.2　事象の演算

次に，事象の演算を考える．A, B を事象とする．$A \cup B$ は A または B の少なくとも一方が起こる事象を表し，A と B の**和事象**という．$A \cap B$ は A かつ B のどちらも起こる事象を表し，A と B の**積事象**という．$\overline{A}$ は A が起きない事象を表し，A の**余事象**という．また，事象 A, B が同時に起こることのない，つまり，$A \cap B = \varnothing$ であるとき，事象 A と B は互いに**排反**であるという．有限個の事象の列 $A_1, A_2, \ldots, A_n$ についても，いずれの2つの事象 A_i と A_j が互いに排反であれば，すなわち

$$A_i \cap A_j = \varnothing \quad (i \neq j)$$

が成り立つときに，$A_1, A_2, \ldots, A_n$ は互いに排反であるという．無限個の事象の列に対しても同様に定義される．

例題 7.2　6面のさいころを1つ投げる試行において，偶数の目が出る事象を A，3の倍数の目が出る事象を B で表す．このとき，次の事象を集合の記法を用いて表せ．

- $A \cup B$
- $A \cap B$
- $\overline{A}$

解　$A \cup B = \{2, 3, 4, 6\}$, $A \cap B = \{6\}$, $\overline{A} = \{1, 3, 5\}$ である（図7.3参照）．　□

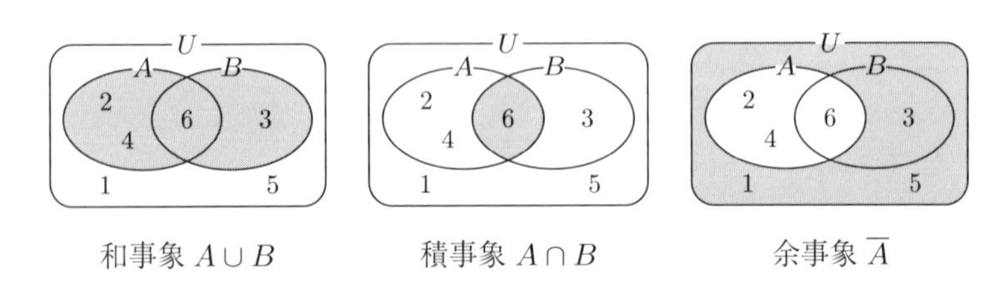

図 7.3　事象の演算

7.1.3　確率の定義

事象に対して，確率を考える．事象 A が起こる**確率**を $\Pr(A)$ で表す．確率には，古典的定義，経験的定義，公理的定義などがある．これらを順に説明しよう．

(1)　古典的確率

中学校や高等学校で習うのが**古典的確率**（数学的確率）である．どの根元事象も起こり得ることが同程度に期待できる場合，これらの根元事象は**同様に確からしい**といい，根元事象の確率をすべて同じ値と考える．

このとき全事象 U の要素の数を N，事象 A の要素の数を k としたとき，A の確率 $\Pr(A)$ を

$$\Pr(A) = \frac{k}{N}$$

で定義する．よって，$0 \leq \Pr(A) \leq 1$ である．このことから，次の確率はすぐにわかる．

$$\Pr(U) = 1, \quad \Pr(\varnothing) = 0, \quad \Pr\left(\overline{A}\right) = 1 - \Pr(A). \tag{7.1}$$

また，2 つの事象 A と B が互いに排反であるとき，和事象 $A \cup B$ の確率について，次が成り立つことがわかる．

$$\Pr(A \cup B) = \Pr(A) + \Pr(B). \tag{7.2}$$

(7.1) や (7.2) は確率が満たすべき性質である．

例題 7.3　6 面のさいころを 1 つ投げる試行において，偶数の目が出るという事象を A，1 の目が出るという事象を B で表す（図 7.2）．このとき，$\Pr(A \cup B)$ を求めよ．

解　A と B は互いに排反であるから，

$$\Pr(A \cup B) = \Pr(A) + \Pr(B) = \frac{1}{2} + \frac{1}{6} = \frac{2}{3}. \qquad \square$$

(2)　経験的確率

図 7.4 のような展開図から 8 面さいころを作成して投げることを考えよう．この場合，のりしろがありバランスが不均一になることもあるので，古典的確率のように同様に確からしいと考えることはできない可能性がある．その他，雨の降る確率や北風の吹く確率などの自然現象を考えるときにも古典的確率が使えない場合もある．このような場合には実際に実験や調査をおこなって確かめる必要がある．

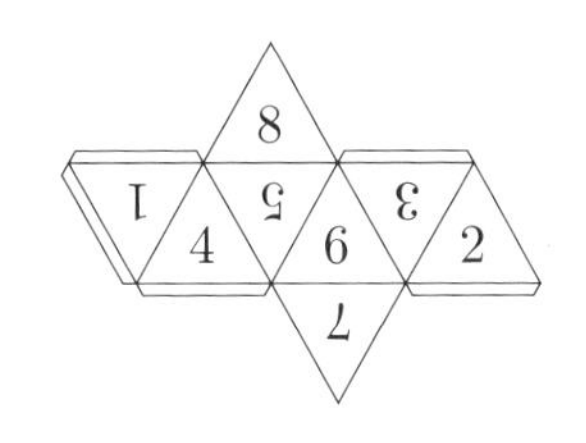

図 7.4　8 面さいころの展開図

実際に図 7.4 から作成したさいころを 17000 回投げて 1 の目と 6 の目が出た回数を折れ線グラフに表したものが図 7.5 である．横軸に累計回数を，縦軸にそのときの出現した割合を表したものである．この例では 1 の目が出る割合は 0.115 に，6 の目が出る割合は 0.131 に近づいていることがわかる．このように多数回実験をおこなってみると，ある値に近づいていく様子が確かめられるだろう．このようにして，最終的に近づいていく値をその事

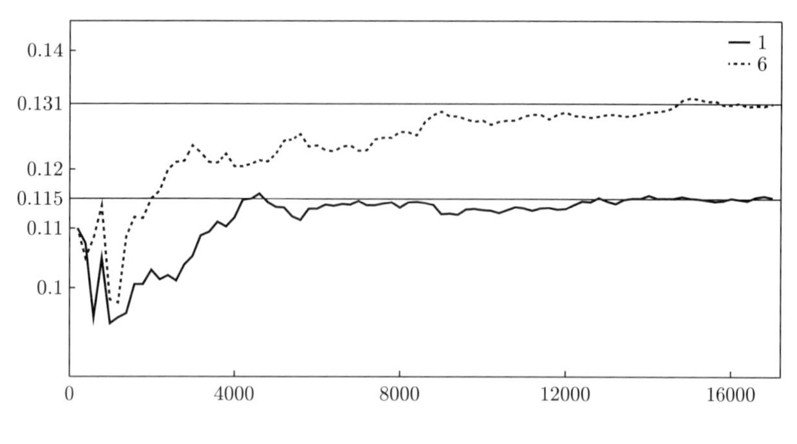

図 7.5　1の目と6の目の出た割合

象が起こる確率と考えたのが**経験的確率**（統計的確率）である.

(3)　公理論的確率

古典的確率や経験的確率の定義を経て，今日では公理論的確率の定義が採用されている．**公理論的確率**では，以下の公理※1を確率の出発点とする.

確率の公理

1. 任意の事象 A に対し，$0 \leq \Pr(A) \leq 1$ である.
2. 全事象 U について，$\Pr(U) = 1$ である.
3. 無限個の事象の列 $A_1, A_2, \ldots$ が互いに排反であるとき，すなわち $A_i \cap A_j = \varnothing\,(i \neq j)$ であるとき，

$$\Pr(A_1 \cup A_2 \cup \cdots) = \Pr(A_1) + \Pr(A_2) + \cdots$$

が成り立つ.

公理論的確率では，公理から (7.1) や (7.2) を導くことができる（注意 7.1 参照）.

注意 7.1

- $\Pr(\varnothing) = 0$.
  なぜならば，

※1 確率の議論をする際，確率が満たすべき性質を予め認めておくこと.

$$\begin{aligned}\Pr(\varnothing) &= \Pr(\varnothing \cup \varnothing \cup \varnothing \cup \cdots) = \Pr(\varnothing) + \Pr(\varnothing) + \Pr(\varnothing) + \cdots \\ &= \Pr(\varnothing) + \Pr(\varnothing \cup \varnothing \cup \cdots) = \Pr(\varnothing) + \Pr(\varnothing)\end{aligned}$$

とできる．ここで，公理 1 より $0 \leq \Pr(\varnothing) \leq 1$ であるから，両辺から $\Pr(\varnothing)$ を引いて，$\Pr(\varnothing) = 0$ となる．

- $A_1, A_2, \ldots, A_n$ が互いに排反であるとき，

  $$\Pr(A_1 \cup A_2 \cup \cdots \cup A_n) = \Pr(A_1) + \Pr(A_2) + \cdots + \Pr(A_n).$$

  確率の公理の 3 では無限に続く事象の列を考えているが，有限個の場合も成立する．

- $\Pr(\overline{A}) = 1 - \Pr(A)$.
  なぜならば，A と $\overline{A}$ は互いに排反で，かつ $U = A \cup \overline{A}$ であるから，公理 2, 3 から，$1 = \Pr(U) = \Pr(A) + \Pr(\overline{A})$．よって，題意が成り立つ．

7.1.4 事象の独立・試行の独立

2 つの事象 A, B について

$$\Pr(A \cap B) = \Pr(A)\Pr(B)$$

が成り立つとき，A と B は**独立（事象）**であるという．また，3 つの事象 A, B, C について

$$\Pr(A \cap B) = \Pr(A)\Pr(B),$$

$$\Pr(A \cap C) = \Pr(A)\Pr(C),$$

$$\Pr(B \cap C) = \Pr(B)\Pr(C),$$

$$\Pr(A \cap B \cap C) = \Pr(A)\Pr(B)\Pr(C)$$

が成り立つとき，事象 A, B, C は独立であるという．

例題 7.4 6 面のさいころを 1 つ投げる試行において，偶数の目が出る事象を A，3 の倍数の目が出る事象 B で表す．このとき，A と B は独立であることを示せ．

解 $A \cap B$ は偶数かつ 3 の倍数が出ることなので，6 の目が出ることとなる（図 7.3）．したがって

$$\Pr(A)\Pr(B) = \frac{1}{2} \cdot \frac{1}{3} = \frac{1}{6}, \quad \Pr(A \cap B) = \frac{1}{6}$$

となって A と B は独立である．□

2つの試行の独立性について定義しよう．2つの試行 T_1, T_2 が**独立（試行）**であるとは，それぞれの結果が互いに影響を与えないことをいう．このとき，T_1 で事象 A が起こり，T_2 で事象 B が起こる確率は $\Pr(A)\Pr(B)$ である．

たとえば，図7.6のような白のさいころを投げるという試行と黒のさいころを投げるという試行をおこなったとき，この2つの試行は独立である．

図7.6　白と黒のさいころ

問7.1の解説

全事象（標本空間）とはすべての結果を含む事象のことである．6面のさいころを投げるので，その結果は1, 2, 3, 4, 5, 6となることから，**1** は③が正解である．

問題から $A = \{2,4,6\}, B = \{3,6\}, C = \{4\}$ である．したがって，$A \cap B = \{6\}$，つまり6の倍数が出る事象と一致する．**2** は③が正解である．また，C は A に含まれることから，$A \cup C = \{2,4,6\}$ となり，**3** は⑤が正解である．

さいころの目は同様に確からしいと考えられることから，$\Pr(A \cap B) = \frac{1}{6}, \Pr(A \cup C) = \frac{1}{2}$ となる．したがって，**4** は②が正解である．**5** は④が正解である．

7.2　条件付き確率

事象 A が起こったという条件の下で事象 B が起こる確率を**条件付き確率**といい，$\Pr(B|A)$ で表し

$$\Pr(B|A) = \frac{\Pr(A \cap B)}{\Pr(A)}$$

で定義する．ただし，$\Pr(A) > 0$ であるとする．

条件付き確率に関しては，次の性質を満たす．

- 条件付き確率 $\Pr(B|A)$ は A を全事象と考えた場合の事象 $A \cap B$ の起こる確率であり，確率の公理（80 ページ）を満足する．
- 事象 A と B が独立のとき，$\Pr(A \cap B) = \Pr(A)\Pr(B)$ であるから，$\Pr(B|A) = \Pr(B)$ が成立する．つまり，独立性は事象 B の生起が事象 A の生起に無関係であることを意味する．
- また，条件付き確率の式から

$$\Pr(A \cap B) = \Pr(B|A)\Pr(A)$$

がわかる．この式を**乗法公式**という．

例題 7.5　袋のなかに 1 から 3 までの数字が書かれた赤いボールが 1 つずつ，1 と 2 が書かれた青いボールが 1 つずつ，1 と書かれた黒いボールが 1 つ入っている（図 7.7）．この袋のなかから 1 つのボールを取り出す試行をおこなう．取り出したボールが赤いボールである事象を A，数字の 1 が書かれている事象を B で表すとする．このとき，赤いボールが取り出されたという条件の下で数字 1 が書かれている確率 $\Pr(B|A)$ を求めよ．

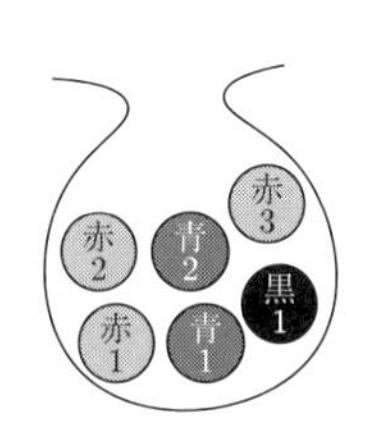

図 7.7　袋

解

$$\Pr(A) = \frac{1}{2},\ \Pr(A \cap B) = \frac{1}{6}$$

なので，A が起きたという条件の下での B の条件付き確率は

$$\Pr(B|A) = \frac{\Pr(A \cap B)}{\Pr(A)} = \frac{\frac{1}{6}}{\frac{1}{2}} = \frac{1}{3}$$

これは，赤のボールであるという条件が決まっているので，3 つある赤いボールのうち，1 のボールが出る確率と一致することもわかる．□

7.3 ベイズの定理

ベイズの定理は，結果が与えられたときの原因の確率を求めるような場面で用いられる．

図 7.8　6 面と 8 面のさいころ

たとえば，6 面のさいころと 8 面のさいころが 1 つずつあり，どちらかを選んで一方だけを投げるという試行を考える（図 7.8）．さいころを選ぶ確率はどちらも同じ $\frac{1}{2}$ とする．

6 面のさいころを選んだという事象を A，1 の目が出るという事象を B で表すと，$\Pr(A) = \frac{1}{2}$，$\Pr(\overline{A}) = \frac{1}{2}$ となる．

このとき，A の余事象 $\overline{A}$ は 8 面のさいころを選んだという事象となる．したがって，2 つの条件付き確率は

$$\Pr(B\,|\,A) = \frac{1}{6},\quad \Pr(B\,|\,\overline{A}) = \frac{1}{8}$$

と計算できるので，乗法公式から

$$\Pr(B \cap A) = \Pr(B\,|\,A)\Pr(A) = \frac{1}{12}$$

$$\Pr(B \cap \overline{A}) = \Pr(B\,|\,\overline{A})\Pr(\overline{A}) = \frac{1}{16}$$

とわかる．

ここで，$U = A \cup \overline{A}$ であり，2 つの事象 $B \cap A$，$B \cap \overline{A}$ は互いに排反であること（図 7.9）から

$$\begin{aligned}\Pr(B) &= \Pr(B \cap A) + \Pr(B \cap \overline{A}) = \Pr(B\,|\,A)\Pr(A) + \Pr(B\,|\,\overline{A})\Pr(\overline{A}) \\ &= \frac{1}{12} + \frac{1}{16} = \frac{7}{48}\end{aligned}$$

と計算できる．また，これを用いると

$$\begin{aligned}\Pr(A\,|\,B) &= \frac{\Pr(A \cap B)}{\Pr(B)} = \frac{\Pr(B\,|\,A)\Pr(A)}{\Pr(B\,|\,A)\Pr(A) + \Pr(B\,|\,\overline{A})\Pr(\overline{A})} \\ &= \frac{\frac{1}{12}}{\frac{7}{48}} = \frac{4}{7}\end{aligned}$$

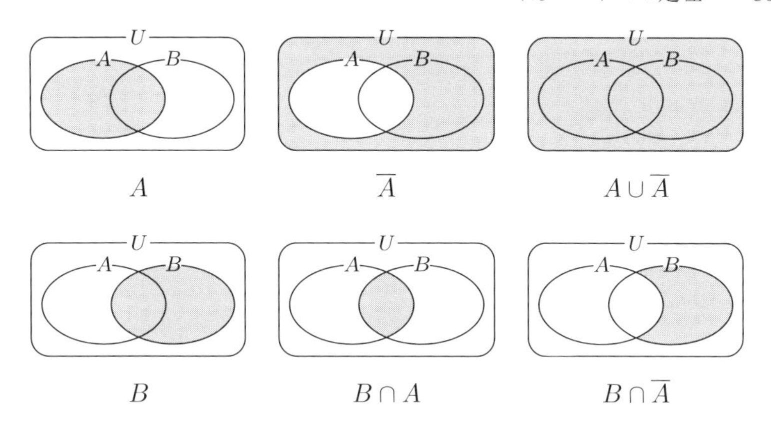

図 7.9 事象 A, B の関係

と計算ができる．式からわかるように，事象 A が起きたという条件付き確率の値から，事象 B が起きたという条件付き確率の値を計算することができる．ここで使った計算式は全確率の定理とベイズの定理である．

ベイズの定理

$$\Pr(A|B) = \frac{\Pr(B|A)\Pr(A)}{\Pr(B|A)\Pr(A) + \Pr(B|\overline{A})\Pr(\overline{A})}$$

が成立する．なお，右辺分母は $\Pr(B) = \Pr(B|A)\Pr(A) + \Pr(B|\overline{A})\Pr(\overline{A})$ であり，**全確率の定理**とよばれる．

事象 A（6 面のさいころを投げる）が原因で，事象 B（1 の目が出る）がその結果であるとすると，$\Pr(B|A)$ は A が原因の下での結果 B の条件付き確率（6 面のさいころを投げるときに 1 の目が出る確率）であり，$\Pr(B|\overline{A})$ は $\overline{A}$ が原因の下での結果 B の条件付き確率（8 面のさいころを投げるときに 1 の目が出る確率）である．一方，ベイズの定理の左辺の式 $\Pr(A|B)$ は結果 B がわかった下での原因の確率（1 の目が出たことがわかった下で 6 面のさいころが投げられた確率）を表している．

全確率の定理，ベイズの定理は原因が 3 つ以上の場合にも拡張できる（図 7.10 参照）．

全確率の定理

全事象 U と事象の列 $A_1, A_2, \ldots, A_n$ $(n \geq 2)$ があり，$A_1, A_2, \ldots, A_n$ が互いに排反であり，$U = A_1 \cup A_2 \cup \cdots \cup A_n$ が成り立つとき

$$\Pr(B) = \Pr(B\,|\,A_1)\Pr(A_1) + \Pr(B\,|\,A_2)\Pr(A_2) + \cdots + \Pr(B\,|\,A_n)\Pr(A_n)$$

が成り立つ．

ベイズの定理

全事象 U と事象の列 $A_1, A_2, \ldots, A_n$ $(n \geq 2)$ があり，$A_1, A_2, \ldots, A_n$ が互いに排反であり，$U = A_1 \cup A_2 \cup \cdots \cup A_n$ が成り立つとき，任意の事象 B と i $(i = 1, 2, \ldots, n)$ に対し

$$\Pr(A_i\,|\,B) = \frac{\Pr(B\,|\,A_i)\Pr(A_i)}{\Pr(B\,|\,A_1)\Pr(A_1) + \Pr(B\,|\,A_2)\Pr(A_2) + \cdots + \Pr(B\,|\,A_n)\Pr(A_n)}$$

が成り立つ．

この2つの定理の状況をまとめると，図7.10のようになる．事象 B をそれぞれの A_i との積事象に分割して，$\Pr(A_i \cap B)$ を考えて，その合計として $\Pr(B)$ を計算する方法が，全確率の定理であり，それを分母として条件付き確率を計算したのが，ベイズの定理である．

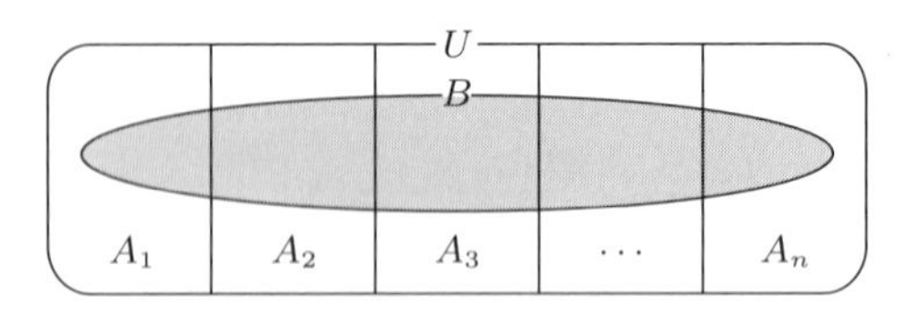

図 7.10　全確率の定理・ベイズの定理

問 7.2 の解説

Aの箱を選ぶ事象を A，Bの箱を選ぶ事象を B，白のボールを取り出す事象を W とおく．

Aの箱を選んだとき，そのなかには3個のボールがあり，そのうち1個が白の

ボールである．このことから **6** は②が正解である．

A と B は排反であり，$A \cup B = U$ (全事象) であることから，全確率の定理を利用する．〔1〕は $\Pr(W \mid A) = \dfrac{1}{3}$ を意味する．同様に，$\Pr(W \mid B) = \dfrac{1}{2}$ である．また，問題の仮定より $\Pr(A) = \Pr(B) = \dfrac{1}{2}$ であるから

$$\Pr(W) = \Pr(W \mid A)\Pr(A) + \Pr(W \mid B)\Pr(B) = \frac{1}{3} \cdot \frac{1}{2} + \frac{1}{2} \cdot \frac{1}{2} = \frac{5}{12}$$

と計算できるから **7** は④が正解である．全部合わせて 5 個中 2 個が白のボールと考えてはならない．

ベイズの定理を利用する．

$$\Pr(A \mid W) = \frac{\Pr(W \mid A)\Pr(A)}{\Pr(W \mid A)\Pr(A) + \Pr(W \mid B)\Pr(B)} = \frac{2}{5}$$

と計算できるから **8** は③が正解である．

演習問題

演習問題 A

1 すべての目が等しい確率で出る 6 面のさいころを 1 回投げる．偶数の目が出る事象を A，3 の倍数が出る事象を B，5 以上の目が出る事象を C とする．このとき，次の問いに答えよ．

〔1〕 次の確率の値を①～⑥のうちからそれぞれ一つ選べ．ただし，同じものを繰り返し選んでもよい．

$\Pr(A) =$ **1**　　$\Pr(B) =$ **2**　　$\Pr(C) =$ **3**

$\Pr(A \cap B) =$ **4**　　$\Pr(A \cup B) =$ **5**

$\Pr(A \cap C) =$ **6**　　$\Pr(B \cap C) =$ **7**

① 0　② $\dfrac{1}{6}$　③ $\dfrac{1}{3}$　④ $\dfrac{1}{2}$　⑤ $\dfrac{2}{3}$　⑥ $\dfrac{5}{6}$

〔2〕 事象 A, B, C の独立性として適当なものを，①～⑥のうちから一つ選べ．

① 独立な事象はない
② A と B は独立だが，A と C，B と C は独立でない

③ A と C は独立だが，A と B，B と C は独立でない
④ A と B，A と C は独立だが，B と C は独立でない
⑤ A と B，B と C は独立だが，A と C は独立でない
⑥ A と B，B と C，A と C はどれも独立である

2　箱のなかに白のボールが2個と黒のボールが3個入っている．箱のなかを見ないでボールを1個取り出し，白ならばそのボールは戻さず，黒ならば箱に戻す．この試行を2回おこなうとき，次の問いに答えよ．

〔1〕 1回目に白のボールを取り出す確率の値を，①～⑥のうちから一つ選べ．

① $\frac{1}{10}$　② $\frac{4}{25}$　③ $\frac{1}{5}$　④ $\frac{1}{4}$　⑤ $\frac{2}{5}$　⑥ $\frac{1}{2}$

〔2〕 1回目に白のボールを取り出したという条件の下で，2回目も白のボールを取り出す確率の値を，①～⑥のうちから一つ選べ．

① $\frac{1}{10}$　② $\frac{4}{25}$　③ $\frac{1}{5}$　④ $\frac{1}{4}$　⑤ $\frac{2}{5}$　⑥ $\frac{1}{2}$

〔3〕 2回目に白のボールを取り出す確率の値を，①～⑥のうちから一つ選べ．

① $\frac{1}{10}$　② $\frac{6}{25}$　③ $\frac{3}{10}$　④ $\frac{17}{50}$　⑤ $\frac{2}{5}$　⑥ $\frac{1}{2}$

3　ある部品の入った箱があり，そのうちの70％は工場Pで，30％は工場Qで作られたものである．工場P，工場Qで作られた部品には，それぞれ3％，1％の割合で不良品が含まれている．この部品の入った箱から1個の部品を取り出したとき，それが不良品であるとする．このとき，それが工場Pで作られた部品である確率を求めよ．（ヒント：取り出した部品が工場Pで作られた部品である事象を A，不良品である事象を B として，ベイズの定理を用いて $\Pr(A|B)$ を求めよ．）

演習問題B

1　［2019年6月実施　統計検定®3級問12より］

1から6の目がそれぞれ同じ確率で出るサイコロと，表と裏が同じ確率で出るコインがある．このサイコロを1回投げた後にコインを1回投げる試行を考える．サイコロを1回投げたときに出た目の数を a とし，コインを投げた結果，表が出たときは a を2倍し，裏が出たときは a を2倍して1をたす操作をする．この操作によって求められた数字が，素数となる確率はいくらか．次の①～⑤のうちから適切なものを一つ選べ．

① $\frac{1}{3}$　② $\frac{5}{12}$　③ $\frac{1}{2}$　④ $\frac{7}{12}$　⑤ $\frac{2}{3}$

8　確率変数と確率分布

問 8.1　確率変数の平均と分散

1 枚のコインを 1 回投げて，表が出る回数を X とする．表が出るときを $X = 1$，裏が出るときを $X = 0$ で表す．ここで，$\Pr(X = 1) = \dfrac{1}{2}$ とする．次の問いに答えよ．

〔1〕 X の平均 $\mathrm{E}[X]$ の値を，次の①～⑥から一つ選べ． **1**

① 0　② $\dfrac{1}{4}$　③ $\dfrac{1}{3}$　④ $\dfrac{1}{2}$　⑤ 1　⑥ $\dfrac{3}{2}$

〔2〕 X の分散 $\mathrm{V}[X]$ の値を，次の①～⑥から一つ選べ． **2**

① 0　② $\dfrac{1}{4}$　③ $\dfrac{1}{3}$　④ $\dfrac{1}{2}$　⑤ 1　⑥ $\dfrac{3}{2}$

問 8.2　正規分布

ある果物を生産している農家があり，この農家は重さ 150 g 以上の果物のみを出荷している．果物の重さは平均 160 g，標準偏差 5 g の正規分布に従うとする．このとき，この果物の出荷できる割合について，次の記述の各空欄にあてはまる最も適切な数値を指定された選択肢①～⑥から一つ選べ．

生産される果物の重さを確率変数 X で表すと，条件より $X \sim \mathrm{N}\left(160, \boxed{\ 3\ }\right)$ である．このとき，出荷できる割合（確率）は $\Pr(X \geq 150)$ で表される．ここで，確率変数 $Z = \dfrac{X - 160}{\boxed{\ 4\ }}$ とおくと，$Z \sim \mathrm{N}(0, 1)$ であるから

$$\Pr(X \geq 150) = \Pr\left(Z \geq \boxed{\ 5\ }\right) = \boxed{\ 6\ }$$

となる．

3 , **4** の選択肢

① $\sqrt{5}$　② 5　③ 10　④ 25　⑤ 160　⑥ 256

5 の選択肢

① −4.47　② −2　③ −0.4　④ 0.4　⑤ 2　⑥ 4.47

6 の選択肢

① 0.4332　② 0.4772　③ 0.5228　④ 0.5668　⑤ 0.9332　⑥ 0.9772

問 8.3　二項分布

6 面のさいころを 180 回投げたとき，1 の目が出た回数が 25 回以上 35 回以下となる確率の近似値を求めたい．次の記述の各空欄にあてはまる最も適切な数値を，指定された選択肢から一つ選べ．

1 の目の出た回数を確率変数 X で表すと，X は二項分布に従い

$$X \sim \mathrm{B}\left(180, \boxed{\ 7\ }\right)$$

である．ここで標本の大きさ 180 は**十分に大きい**ので，二項分布は正規分布で近似でき

$$X \sim \mathrm{N}\left(\boxed{\ 8\ }, \boxed{\ 9\ }\right)$$

と考えることができる．ここで，確率変数 $Z = \dfrac{X - \boxed{\ 6\ }}{\boxed{\ 10\ }}$ とおくと，

$Z \sim \mathrm{N}(0,1)$ であるから

$$\Pr(25 \leq X \leq 35) = \Pr\left(\boxed{\ 11\ } \leq Z \leq \boxed{\ 12\ }\right) = \boxed{\ 13\ }$$

が得られる．

7 〜 **10** の選択肢

① $\frac{1}{25}$　② $\frac{1}{6}$　③ $\frac{1}{5}$　④ 5　⑤ 25　⑥ 30

11 , **12** の選択肢

① -0.5 ② -1 ③ -2 ④ 0.5 ⑤ 1 ⑥ 2

13 の選択肢

① 0.1586 ② 0.3413 ③ 0.4207 ④ 0.4871 ⑤ 0.6826 ⑥ 0.8414

8.1 確率変数

本章では，推測統計で用いる確率変数，確率分布についての基本的考え方といくつかの性質について説明する．

コインを 3 枚投げる試行において，全事象 U は

$$U = \{(表, 表, 表), (表, 表, 裏), (表, 裏, 表), (裏, 表, 表), (表, 裏, 裏), (裏, 表, 裏), (裏, 裏, 表), (裏, 裏, 裏)\}$$

となる．これらの根元事象について，表が出るコインの枚数（これを X とする）に注目して，整理すると，表 8.1 が得られる．

表 8.1 表が出るコインの枚数 X とその確率分布

表の枚数 X	0	1	2	3	合計
確率 $\Pr(X = x)$	$\frac{1}{8}$	$\frac{3}{8}$	$\frac{3}{8}$	$\frac{1}{8}$	1

X のとる値にはそれぞれ確率が対応している．このような X を**確率変数**という．また，確率変数がとり得る値とそれらの確率を組にして考えたものを，**確率分布**といい，確率変数はその確率分布に従うという．確率変数 X が分布 D に従うとき，記号 $\sim$ を用いて，$X \sim D$ と表す．$X = 0$ となる事象の確率を $\Pr(X = 0)$，X の値が $0 \leq X \leq 1$ となる事象の確率を $\Pr(0 \leq X \leq 1)$ のように表す．

また，任意の実数 x に対して，確率変数 X が x 以下となる事象の確率 $\Pr(X \leq x)$ を $F(x)$ で表し，これを X の**分布関数**という．すなわち，

$$F(x) = \Pr(X \leq x).$$

コインを3枚投げた例のように，離散的（整数値，トビトビ）な値をとる確率変数を**離散型確率変数**という．これに対し，連続的（実数値，ビッシリ）な値をとる確率変数を**連続型確率変数**という．確率変数はアルファベットの大文字を使って表す．たとえば，X, Y, Z, X_1, X_2 のように書く．それに対して，確率変数のとり得る値（実現値）はアルファベットの小文字を使って x, y, z, x_1, x_2 のように表す．

8.1.1　離散型確率変数

離散型確率変数 X のとり得る値を $x_1, x_2, x_3, \ldots$ とする．このとき，確率分布を定める**確率（質量）関数** $p(x)$ は次で与えられる．

$$p(x) = \Pr(X = x).$$

確率関数 $p(x)$ は次を満たす．

1. 実数 x に対して，$p(x) \geq 0$．つまり確率関数は0以上（非負）である．
2. $p(x_1) + p(x_2) + p(x_3) + \cdots = \sum_{i=1}^{\infty} p(x_i) = 1.$

分布関数 $F(x)$ は

$$F(x) = \sum_{x_i \leq x} p(x_i)$$

で表される．

たとえば，表8.1を確率関数 $p(x)$ の形で書き直せば次のようになる（図8.1左）．

$$p(x) = \begin{cases} \dfrac{1}{8} & (x = 0, 3) \\ \dfrac{3}{8} & (x = 1, 2) \end{cases}$$

また，分布関数 $F(x)$ は次のように計算できる（図8.1右）．

$$F(x) = \begin{cases} 0 & (x < 0) \\ \frac{1}{8} & (0 \leq x < 1) \\ \frac{1}{2} & (1 \leq x < 2) \\ \frac{7}{8} & (2 \leq x < 3) \\ 1 & (x \geq 3) \end{cases}$$

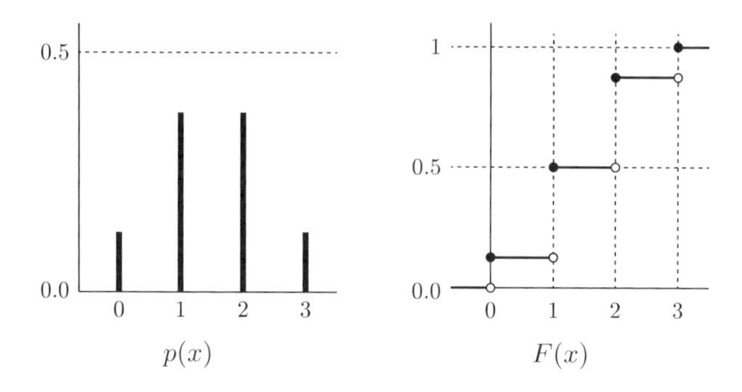

図 8.1 確率関数 $p(x)$ と分布関数 $F(x)$

8.1.2 連続型確率変数

確率変数 X のとり得る値が「連続な値」の場合が連続型確率変数である．

たとえば，時計を見た瞬間の「秒以下」を確率変数 X で表すことを考える．時計の表示は，秒以下の細かい部分については切り捨てて表示されている．しかし，実際の秒には，小数点以下の細かい部分があることを考えると，X がちょうど 10，つまり，小数点以下をすべて計測していたとしても，ぴったり 10 秒で，小数点以下がすべて 0 であることはありえないので，X がぴったり 10 秒である確率については $\Pr(X = 10) = 0$ と定める．

それに対して，切り捨てを頭に入れて，範囲を考えた確率なら計算できることになり，切り捨てで 10 秒になる範囲を考えて

$$\Pr(10 \leq X < 11) = \frac{1}{60}$$

と考えることができる．

このように連続型確率変数の場合は，区間 $[a, b)$ に対して確率 $\Pr(a \leq X < b)$ を与える．

連続型確率変数 X について，適当な関数 $f(x)$ が存在して，X が任意の区間 $[a, b)$ に入る確率 $\Pr(a \leq X < b)$ が，

$$\Pr(a \leq X < b) = \int_a^b f(x)\,dx$$

で与えられるとき，$f(x)$ を X の**確率密度関数**という（注意 8.2 参照）．

確率密度関数 $f(x)$ は次を満たす．

1. $f(x) \geq 0$．つまり確率密度関数は 0 以上（非負）である．
2. $\displaystyle\int_{-\infty}^{\infty} f(x)\,dx = 1$．つまり確率密度関数の全区間での積分は 1 である．

注意 8.1　このように基本的には $\Pr(a \leq X < b)$ の形の範囲を扱う．「小さい」もしくは「大きい」のみの区間に関しては

$$\Pr(X < a) = \int_{-\infty}^{a} f(x)\,dx,\ \Pr(X \geq a) = \int_a^{\infty} f(x)\,dx$$

である．

注意 8.2　連続型確率変数 X の場合，X が区間 $[x, x+\Delta x)$ に入る確率は $\Pr(x \leq X < x + \Delta x) = F(x + \Delta x) - F(x)$ である．ところで $\dfrac{\Pr(x \leq X < x + \Delta x)}{\Delta x} = \dfrac{F(x + \Delta x) - F(x)}{\Delta x}$ は点 x 近くでの単位長さ Δx あたりの確率変数 X のとる確率の平均変化率と考えることができる．いま，$F(x)$ が微分可能であれば，$\Delta x \to 0$ として $\displaystyle\lim_{\Delta x \to 0} \frac{F(x + \Delta x) - F(x)}{\Delta x}$（$= f(x)$ と書く）が存在する．この $f(x)$ が確率密度関数である．

また，分布関数 $F(x)$ は確率密度関数 $f(x)$ を用いて

$$F(x) = \Pr(X \leq x) = \int_{-\infty}^{x} f(t)dt$$

として計算できる．

時計の秒の例では，確率密度関数 $f(x)$ は

$$f(x) = \begin{cases} \dfrac{1}{60} & (0 \leq x < 60) \\ 0 & (\text{その他}) \end{cases}$$

と考える（図 8.2 左）．このとき，たとえば，切り捨てで 10 秒となる確率は

$$\Pr(10 \leq X < 11) = \int_{10}^{11} f(x)\,dx = \int_{10}^{11} \frac{1}{60}\,dx = \frac{1}{60}$$

と計算できる．また，分布関数 $F(x)$ は

$$F(x) = \begin{cases} 0 & (x < 0) \\ \dfrac{x}{60} & (0 \leq x < 60) \\ 1 & (x \geq 60) \end{cases}$$

である（図 8.2 右）．

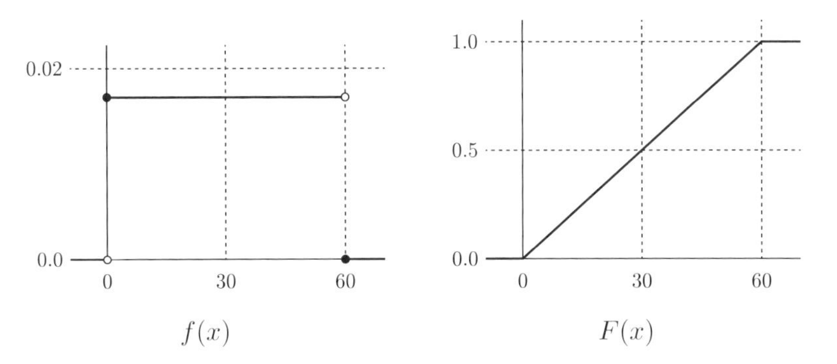

図 8.2　確率密度関数 $f(x)$ と分布関数 $F(x)$

注意 8.3　連続型確率変数の場合，

$$\Pr(X = a) = 0, \quad \Pr(X = b) = 0$$

より，

$$\begin{aligned} \Pr(a \leq X < b) = \Pr(a < X < b) &= \Pr(a < X \leq b) \\ &= \Pr(a \leq X \leq b) \end{aligned}$$

である．すなわち，区間の端点を含んでも含まなくても確率の値は同じである．

8.1.3　確率変数の独立性

すべての実数 x, y について次の式が成り立つとき，2 つの確率変数 X と Y が独立であるという．

$$\Pr(X \leq x, Y \leq y) = \Pr(X \leq x)\Pr(Y \leq y).$$

8.1.4　確率変数の平均と分散

本節では，離散型，連続型のそれぞれの場合に応じて，確率変数 X の**平均**（または**期待値**），**分散**，**標準偏差**を定義する．それぞれ，記号 $\mathrm{E}[X]$, $\mathrm{V}[X]$, $\sigma[X]$ で表す．

(1)　離散型確率変数の場合

離散型確率変数 X のとり得る値を $x_1, x_2, \ldots$ とする．X の確率関数を $p(x)$ とするとき

$$\mathrm{E}[X] = x_1 \cdot p(x_1) + x_2 \cdot p(x_2) + \cdots = \sum_{i=1}^{\infty} x_i p(x_i),$$

$$\mathrm{V}[X] = (x_1 - \mu)^2 p(x_1) + (x_2 - \mu)^2 p(x_2) + \cdots = \sum_{i=1}^{\infty} (x_i - \mu)^2 p(x_i)$$

で定義する．ただし，$\mu = \mathrm{E}[X]$ である．さらに，$\sigma[X] = \sqrt{\mathrm{V}[X]}$ で定義する．

(2)　連続型確率変数の場合

連続型確率変数 X の確率密度関数を $f(x)$ とするとき，

$$\mathrm{E}[X] = \int_{-\infty}^{\infty} x f(x)\,dx,$$

$$\mathrm{V}[X] = \mathrm{E}\big[(X - \mu)^2\big] = \int_{-\infty}^{\infty} (x - \mu)^2 f(x)\,dx$$

で定義する．ただし，$\mu = \mathrm{E}[X]$ である．さらに，$\sigma[X] = \sqrt{\mathrm{V}[X]}$ で定義する．

> **注意 8.4**　確率分布によっては，上記 $\mathrm{E}[X]$, $\mathrm{V}[X]$ の式の級数や広義積分が存在しないことがある．本書では，離散型確率変数，連続型確率変数ともに $\mathrm{E}[X]$, $\mathrm{V}[X]$ が存在する場合のみ扱う．

平均と分散については次が成り立つ.

確率変数の平均・分散

X, Y を確率変数, a, b を実数とする. このとき, 次が成立する.

1. $\mathrm{E}[aX+b] = a\mathrm{E}[X]+b$ (8.1)
2. $\mathrm{E}[X+Y] = \mathrm{E}[X]+\mathrm{E}[Y]$
3. $\mathrm{V}[X] = \mathrm{E}\left[X^2\right] - (\mathrm{E}[X])^2$
4. $\mathrm{V}[aX+b] = a^2\mathrm{V}[X]$ (8.2)
5. X と Y が独立ならば $\mathrm{V}[X+Y] = \mathrm{V}[X]+\mathrm{V}[Y]$

$\mathrm{V}[X]$ について, 期待値の線型性 (1.) より

$$\mathrm{V}[X] = \mathrm{E}\left[(X-\mathrm{E}[X])^2\right] = \mathrm{E}\left[X^2\right] - (\mathrm{E}[X])^2$$

が成り立つ.

表 8.1 の確率変数について計算すると

$$\mathrm{E}[X] = 0\cdot\frac{1}{8} + 1\cdot\frac{3}{8} + 2\cdot\frac{3}{8} + 3\cdot\frac{1}{8} = \frac{3}{2}$$

$$\mathrm{E}\left[X^2\right] = 0^2\cdot\frac{1}{8} + 1^2\cdot\frac{3}{8} + 2^2\cdot\frac{3}{8} + 3^2\cdot\frac{1}{8} = \frac{24}{8} = 3$$

$$\mathrm{V}[X] = \mathrm{E}\left[X^2\right] - (\mathrm{E}[X])^2 = 3 - \left(\frac{3}{2}\right)^2 = \frac{3}{4}$$

と計算できる.

時計の秒の例では

$$\mathrm{E}[X] = \int_{-\infty}^{\infty} xf(x)\,dx = \int_0^{60} x\cdot\frac{1}{60}\,dx = \frac{1}{60}\left[\frac{x^2}{2}\right]_0^{60} = 30$$

$$\mathrm{E}\left[X^2\right] = \int_{-\infty}^{\infty} x^2 f(x)\,dx = \int_0^{60} x^2\cdot\frac{1}{60}\,dx = \frac{1}{60}\left[\frac{x^3}{3}\right]_0^{60} = 1200$$

$$\mathrm{V}[X] = \mathrm{E}\left[X^2\right] - (\mathrm{E}[X])^2 = 1200 - 30^2 = 300$$

と計算できる.

問 8.1 の解説

この確率変数 X は，次の確率関数をもつ．

$$p(x) = \begin{cases} \dfrac{1}{2} & (x = 0, 1) \\ 0 & (\text{その他}) \end{cases}$$

したがって

$$\mathrm{E}[X] = 0 \cdot \frac{1}{2} + 1 \cdot \frac{1}{2} = \frac{1}{2}$$

$$\mathrm{E}\left[X^2\right] = 0^2 \cdot \frac{1}{2} + 1^2 \cdot \frac{1}{2} = \frac{1}{2}$$

$$\mathrm{V}[X] = \mathrm{E}\left[X^2\right] - (\mathrm{E}[X])^2 = \frac{1}{2} - \left(\frac{1}{2}\right)^2 = \frac{1}{4}$$

と計算できて，[1] は④，[2] は②が正解である．

8.2　正規分布

8.2.1　正規分布

正規分布は，統計学において大変重要な確率分布であり，様々な現象の確率モデルとして用いられる．特に，測定誤差や生物部位の測定値などの連続型確率変数の確率モデルとして用いられ，ガウス分布ともよばれる．

正規分布は平均 μ，分散 σ^2 によって定まる分布で，$\mathrm{N}(\mu, \sigma^2)$ で表す．確率密度関数 $f(x)$ は次の式で与えられる．

$$f(x) = \frac{1}{\sqrt{2\pi\sigma^2}} e^{-\frac{(x-\mu)^2}{2\sigma^2}}. \tag{8.3}$$

ただし，$e = 2.71828\cdots$（ネイピア数）である．このとき，確率変数 X が平均 μ，分散 σ^2 の正規分布に従うことを $X \sim \mathrm{N}(\mu, \sigma^2)$ と表す．

確率密度関数のグラフは図 8.3 のようになり，直線 $x = \mu$ に関して対称なグラフである．このグラフの形は「釣鐘型（またはベル型）」とよばれる．また，P_1，P_2 は f の変曲点である．

μ と σ^2 の値を変化させたときの確率密度関数のグラフの変化をみてみよ

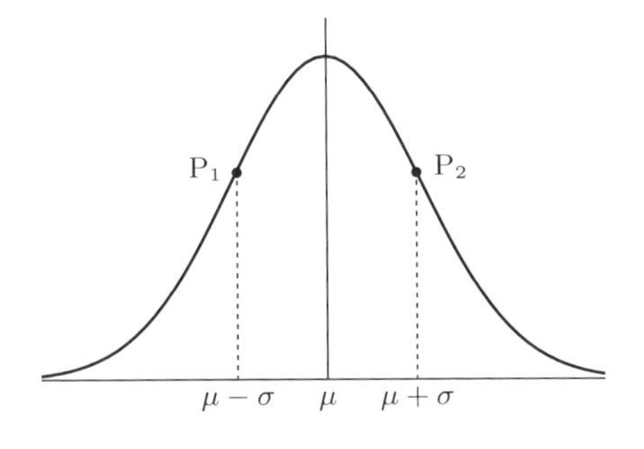

図 8.3 $f(x)$ のグラフ

う．図 8.4 は $\sigma^2=1$ と固定して μ の値を変化させたグラフである．左から順に $\mu=-3,-2,-1,0,1,2,3$ のときのグラフであり，形は変わらず，位置だけが変化している．それに対し，図 8.5 は $\mu=0$ と固定して σ^2 の値の値を変化させたグラフである．最大値の部分で見ると，上から順に $\sigma^2=\dfrac{1}{2},1,2,3,5$ のときのグラフであり σ^2 の値が小さいと尖り，大きいとなだらかな形になっている．

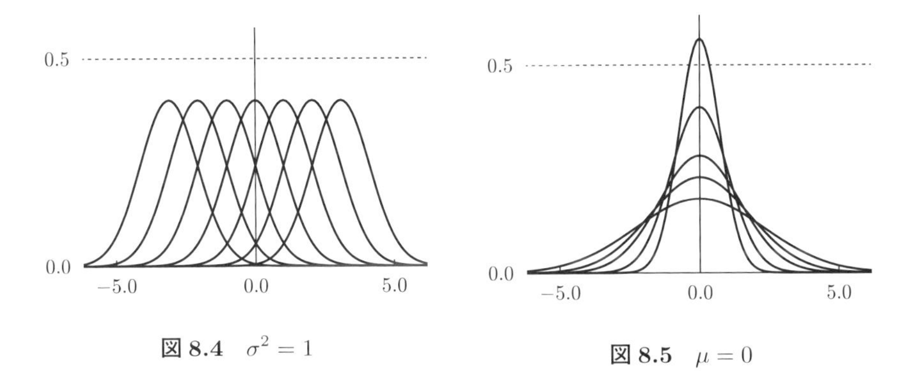

図 8.4 $\sigma^2=1$　　**図 8.5** $\mu=0$

ここで，正規分布の確率密度関数の形（(8.3) 式参照）および (8.1), (8.2) 式から，次の定理を得る．

正規分布に従う確率変数の変数変換

$X \sim \mathrm{N}(\mu, \sigma^2)$ のとき，$Y = aX + b$ $(a \neq 0)$ とおくと

$$Y \sim \mathrm{N}(a\mu + b, a^2\sigma^2)$$

である．

この定理を用い，正規分布に従う確率変数の標準化は次のようになる．

正規分布に従う確率変数の標準化

$X \sim \mathrm{N}(\mu, \sigma^2)$ のとき，$Z = \dfrac{X - \mu}{\sigma}$ とおくと $Z \sim \mathrm{N}(0, 1)$ である．

8.2.2　標準正規分布

平均 $\mu = 0$，分散 $\sigma^2 = 1$ の正規分布 $\mathrm{N}(0, 1)$ を**標準正規分布**という．標準正規分布の確率密度関数を $\phi(x)$ で表す．

$$\phi(x) = \frac{1}{\sqrt{2\pi}} e^{-\frac{1}{2}x^2}.$$

この確率密度関数のグラフは図 8.6 である．y 軸に関して対称なグラフであり，$x = 0$ のときの値はほぼ 0.4（実際は 0.4 よりわずかに小さい）である．

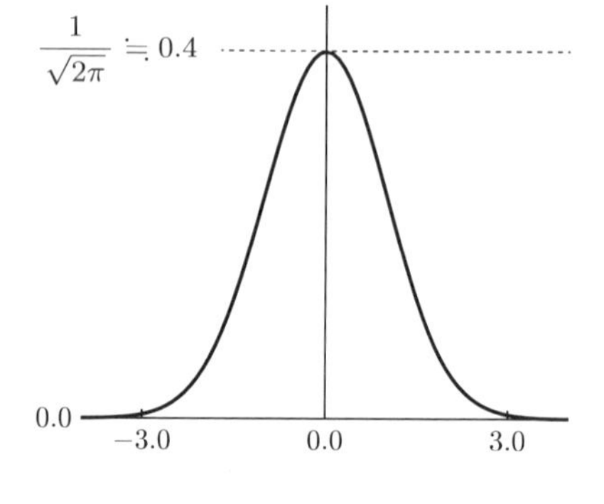

図 8.6　標準正規分布

確率変数 Z が標準正規分布 $\mathrm{N}(0, 1)$ に従うとき，Z の分布関数を $\Phi(z)$ で表す．つまり，

$$\Phi(z) = \Pr(Z \leq z) = \int_{-\infty}^{z} \phi(t)\, dt.$$

このとき，次のことが成り立つ (図 8.7 参照)．

$$\Phi(1) - \Phi(-1) = \Pr(-1 \leq Z \leq 1) = 0.6826,$$

$$\Phi(2) - \Phi(-2) = \Pr(-2 \leq Z \leq 2) = 0.9544,$$

$$\Phi(3) - \Phi(-3) = \Pr(-3 \leq Z \leq 3) = 0.9974.$$

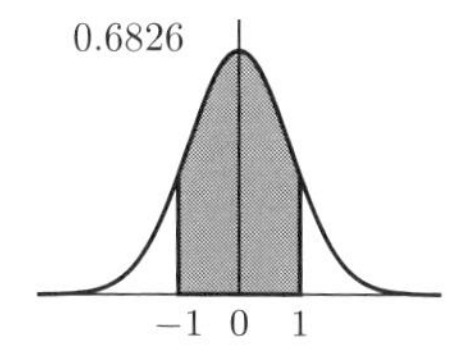

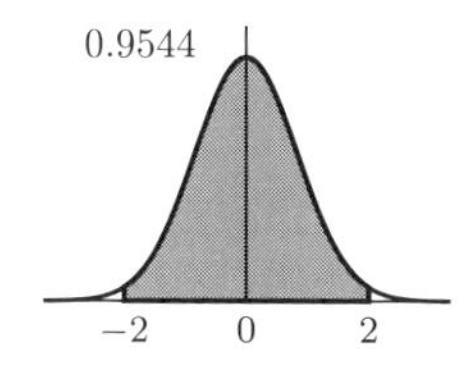

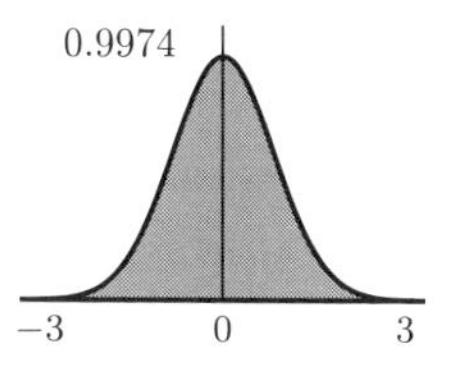

図 8.7 標準正規分布の確率の代表的な値

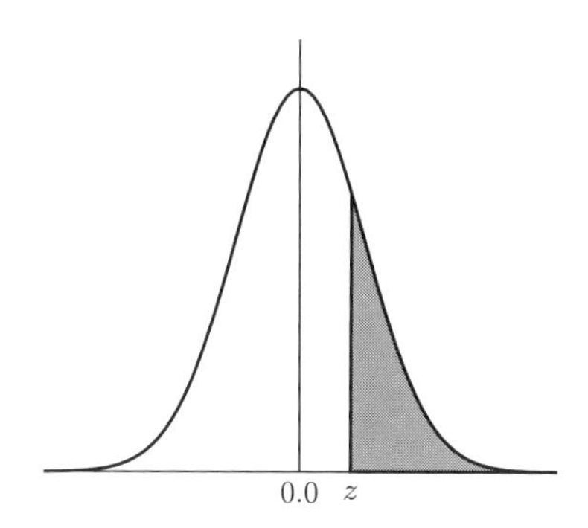

図 8.8 上側確率

$Z \sim \mathrm{N}(0,1)$ とするとき，図 8.8 の灰色の部分の面積（上側確率という）は

$$\Pr(Z \geq z) = \int_z^\infty \phi(x)\,dx$$

で与えられる．巻末 (p.178) には上側確率の数表がある．

次に，巻末の数表の読み方を説明する（表 8.2）．たとえば，$\Pr(Z \geq 1.96)$ の値は，表側の 1.9 の行と表頭の 0.06 の列が交差した位置に記された 0.0250 である．

表 8.2 標準正規分布表の値の読み方

z	0.00	⋯	0.05	0.06	0.07	⋯
0.0	0.5000	⋯	0.4801	0.4761	0.4721	⋯
0.1	0.4602	⋯	0.4404	0.4364	0.4325	⋯
⋮	⋮		⋮	⋮	⋮	
1.8	0.0359	⋯	0.0322	0.0314	0.0307	⋯
1.9	0.0287	⋯	0.0256	0.0250	0.0244	⋯
2.0	0.0228	⋯	0.0202	0.0197	0.0192	⋯

例題 8.1　$Z \sim \mathrm{N}(0, 1)$ とするとき，次の確率を求めよ．

1. $\Pr(Z \geq 2)$
2. $\Pr(1 \leq Z \leq 2)$
3. $\Pr(Z \leq 1)$
4. $\Pr(Z \geq -1)$
5. $\Pr(-1 \leq Z \leq 2)$

解

1. $\Pr(Z \geq 2) = 0.0228$
2. $\Pr(1 \leq Z < 2) = \Pr(Z \geq 1) - \Pr(Z \geq 2) = 0.1587 - 0.0228 = 0.1359$

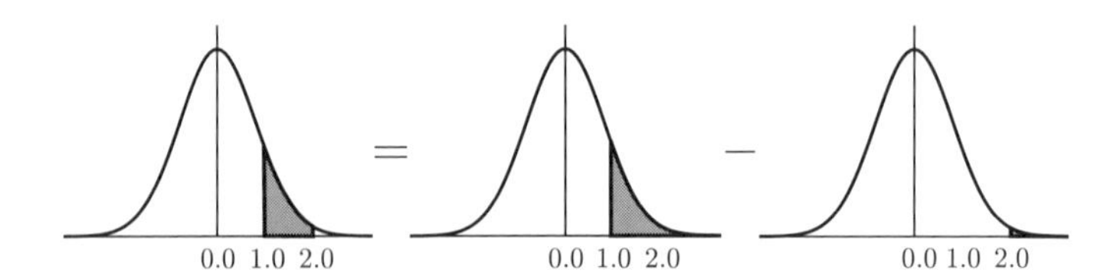

3. $\Pr(Z < 1) = 1.0000\,(\text{全体}) - \Pr(Z \geq 1) = 1.0000 - 0.1587 = 0.8413$

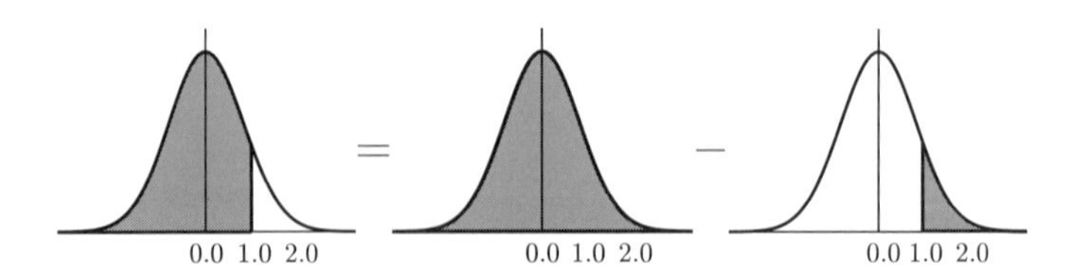

4. $\Pr(Z \geq -1) = \Pr(Z \leq 1) = 0.8413$　(y 軸に関して対称なので)

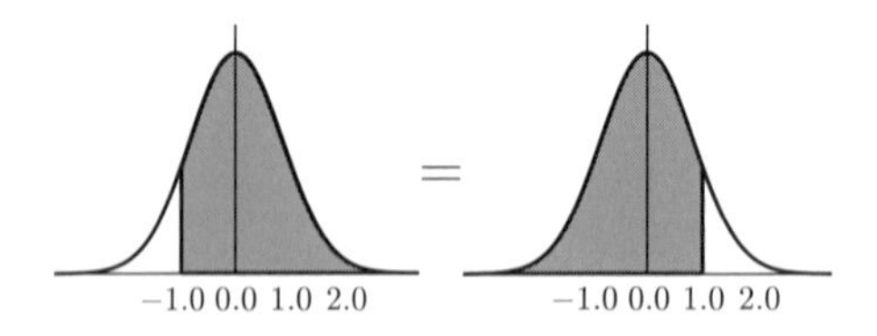

5. $\Pr(-1 \leq Z < 2) = \Pr(Z \geq -1) - \Pr(Z \geq 2) = 0.8413 - 0.0228 = 0.8185$

□

8.2.3 標準正規分布の応用

標準正規分布 $\mathrm{N}(0,1)$ の確率を用いると 一般の正規分布 $\mathrm{N}(\mu,\sigma^2)$ の場合の確率も計算できる．つまり，$X \sim \mathrm{N}(\mu,\sigma^2)$ のとき，$Z = \dfrac{X-\mu}{\sigma}$ とおくと $Z \sim \mathrm{N}(0,1)$ である．よって，

$$\Pr(X \leq x) = \Pr\left(\frac{X-\mu}{\sigma} \leq \frac{x-\mu}{\sigma}\right) = \Pr(Z \leq z), \quad z = \frac{x-\mu}{\sigma}$$

とでき，$\mathrm{N}(0,1)$ の確率計算に帰着できる．

例題 8.2　ある試験を 1 万人が受験した．この試験は満点が 1000 点であり，結果は平均 522 点，分散 52^2 の正規分布に従うという．この試験で，600 点以上の得点の受験者数を求めよ．

解　受験者の結果を確率変数 X で表すと，$X \sim \mathrm{N}(522, 52^2)$ である．ここで，$Z = \dfrac{X-522}{52}$ とおけば $Z \sim \mathrm{N}(0,1)$ となる．このとき，

$$\begin{aligned}\Pr(X \geq 600) &= \Pr\left(\frac{X-522}{52} \geq \frac{600-522}{52}\right)\\ &= \Pr(Z \geq 1.5) = 0.0668\end{aligned}$$

であることから，約 6.68%の受験者が 600 点以上である．受験者は 1 万人だったので，約 668 人の受験者が 600 点以上ということになる．□

問 8.2 の解説

問題の仮定から **3** は 5^2 となるので，④が正解である．

8.2.3 項で説明した方法から，**4** は②が正解とわかる．このとき

$$\Pr(X \geq 150) = \Pr\left(\frac{X-160}{5} \geq \frac{150-160}{5}\right) = \Pr(Z \geq -2).$$

したがって **5** は②が正答であり，巻末の数表を利用すれば **6** は⑥が正解である．

8.3 二項分布

8.3.1 ベルヌーイ分布

結果が2通りの試行（ベルヌーイ試行）を考える．この2つの結果を「成功」と「失敗」とし，試行の結果を確率変数 X で表すとき，成功であれば $X = 1$，失敗であれば $X = 0$ とする．また，「成功」が起こる確率を p $(0 < p < 1)$ とする．このとき，X の従う分布を**ベルヌーイ分布**とよび，$\mathrm{Be}(p)$ で表す．X がベルヌーイ分布 $\mathrm{Be}(p)$ に従うことを $X \sim \mathrm{Be}(p)$ で表す．

ベルヌーイ分布の確率関数は

$$p(x) = \begin{cases} p & (x = 1) \\ 1 - p & (x = 0) \end{cases}$$

である．このとき

$$\begin{aligned} \text{平均}\ \mathrm{E}[X] &= p \\ \text{分散}\ \mathrm{V}[X] &= p(1-p) \end{aligned} \tag{8.4}$$

となる．なぜならば，

$$\mathrm{E}[X] = 1 \cdot p + 0 \cdot (1-p) = p$$

であり，

$$\mathrm{V}[X] = (1-p)^2 \cdot p + (0-p)^2 \cdot (1-p) = p(1-p)$$

である．

8.3.2 二項分布

独立な n 回のベルヌーイ試行を考える．「成功」の確率を p としたとき，「成功」の回数を確率変数 X で表す．このとき，X の従う分布を**二項分布**とよび $\mathrm{B}(n,p)$ で表す．X が二項分布 $\mathrm{B}(n,p)$ に従うことを $X \sim \mathrm{B}(n,p)$ で表す．二項分布 $\mathrm{B}(n,p)$ の確率関数は次のようになる．

$$p(x) = {}_n\mathrm{C}_x\, p^x (1-p)^{n-x} \quad (x = 0, 1, 2, \ldots, n)$$

ただし，${}_n\mathrm{C}_x = \dfrac{n!}{x!\,(n-x)!}$（二項係数）である．このとき

$$
\begin{aligned}
\text{平均 } \mathrm{E}[X] &= np \\
\text{分散 } \mathrm{V}[X] &= np(1-p)
\end{aligned}
\tag{8.5}
$$

となる．$X_1, X_2, \ldots, X_n$ を独立に $\mathrm{Be}(p)$ に従うとすると，$X = X_1 + X_2 + \cdots + X_n$ であるから，(8.1), (8.2) 式より，(8.5) 式を導出できる．

いくつかの二項分布の確率関数のグラフを図 8.9〜8.11 にあげる．

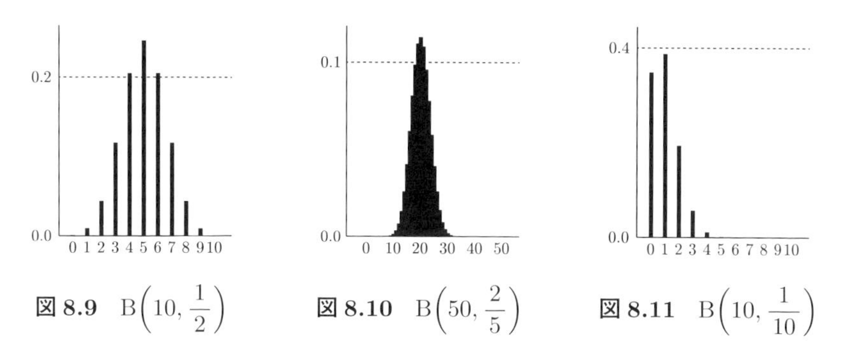

図 8.9 $\mathrm{B}\left(10, \dfrac{1}{2}\right)$　**図 8.10** $\mathrm{B}\left(50, \dfrac{2}{5}\right)$　**図 8.11** $\mathrm{B}\left(10, \dfrac{1}{10}\right)$

たとえば，当たりが出る確率が常に $\dfrac{1}{10}$ のくじを 10 回引くことを考える．このとき，当たりの回数を確率変数 X で表すと，$X \sim \mathrm{B}\left(10, \dfrac{1}{10}\right)$ となる．このときの確率関数のグラフが図 8.11 である．

また，このとき $\mathrm{E}[X] = 10 \cdot \dfrac{1}{10} = 1$，$\mathrm{V}[X] = 10 \cdot \dfrac{1}{10} \cdot \left(1 - \dfrac{1}{10}\right) = \dfrac{9}{10}$ である．これより，平均的には 1 回当たることが期待される．しかし，1 回も当たらない確率は

$$
\Pr(X=0) = p(0) = {}_{10}\mathrm{C}_0\, p^0 (1-p)^{10} = \left(1 - \frac{1}{10}\right)^{10} = \left(\frac{9}{10}\right)^{10}
$$

で約 0.3487 となり $\dfrac{1}{3}$ より大きい値である．これは 2 回以上当たる人がいるためで，平均が 1 であることを考えると，どうしても $X = 0$ となる確率はかなり大きくなる．

次の定理は，二項分布と正規分布を繋ぐ定理であり，統計学における正規分布の重要性を確固たるものとした定理でもある．

（ラプラスの）中心極限定理

n が**十分に大きい**とき，二項分布 $\mathrm{B}(n,p)$ は正規分布 $\mathrm{N}(np, np(1-p))$ で近似される．つまり，n が十分に大きいとき，$\mathrm{B}(n,p)$ の分布関数と $\mathrm{N}(np, np(1-p))$ のそれがほぼ等しい．詳細は (9.6) 参照.

これを使って，次の例題を考えてみる.

例題 8.3　さいころを 4500 個投げたとき，1 の目が 800 回以上出る確率を求めよ.

解　1 の目の出る確率を $\frac{1}{6}$ とし，1 の目の出る回数を X で表すと，$X \sim \mathrm{B}\left(4500, \frac{1}{6}\right)$ である．4500 は**十分に大きい**から

$$X \sim \mathrm{N}\left(4500 \times \frac{1}{6}, 4500 \times \frac{1}{6} \times \left(1 - \frac{1}{6}\right)\right)$$

つまり $X \sim \mathrm{N}\left(750, 25^2\right)$ と近似できる．したがって

$$Z = \frac{X - 750}{25}$$

とおくと，$Z \sim \mathrm{N}(0,1)$ と考えてよい．そこで，1 の目が 800 回以上出る確率は

$$\Pr(X \geq 800) = \Pr\left(\frac{X-750}{25} \geq \frac{800-750}{25}\right) = \Pr(Z \geq 2) = 0.0228$$

と計算できる．なお，$X \sim \mathrm{B}\left(4500, \frac{1}{6}\right)$ として，Excel を用いて，

```
1 − BINOM.DIST(799, 4500, 1/6, TRUE)
```

で求めると，$\Pr(X \geq 800) = 0.0246$ である.　□

問 8.3 の解説

1 の目の出る確率は $\frac{1}{6}$ であるから，問題の仮定から **7** は②が正解である.

8 は $180 \cdot \frac{1}{6}$ であるから⑥が正解，**9** は $180 \cdot \frac{1}{6} \cdot \left(1 - \frac{1}{6}\right)$ であるから⑤が正解である.

ラプラスの極限定理を利用すると，**10** は④が正解である．このことから

$$\Pr(25 \leq X \leq 35) = \Pr\left(\frac{25-30}{5} \leq \frac{X-30}{5} \leq \frac{35-30}{5}\right)$$

であるから **11** は②，**12** は⑤が正解であり，巻末の数表を利用すれば **13** は⑤が正解である．

演習問題

演習問題 A

1 あるくじは，30 本中 1 等 1000 円が 1 本，2 等 500 円が 2 本，3 等 100 円が 10 本で残り 17 本がはずれである．このくじを 1 本引き，当たった額を確率変数 X で表すとき，次の問いに答えよ．

〔1〕 確率 $\Pr(X \geq 500)$ の値を，次の①〜⑥のうちから一つ選べ．

① 0　② $\frac{1}{30}$　③ $\frac{1}{20}$　④ $\frac{1}{10}$　⑤ $\frac{13}{30}$　⑥ $\frac{17}{30}$

〔2〕 平均 $\mathrm{E}[X]$ の値を，次の①〜⑥のうちから一つ選べ．

① 0　② 50　③ 100　④ 300　⑤ $\frac{1600}{3}$　⑥ $\frac{3000}{13}$

〔3〕 分散 $\mathrm{V}[X]$ の値を，次の①〜⑥のうちから一つ選べ．

① 0　② $\frac{13000}{9}$　③ $\frac{16000}{9}$　④ $\frac{130000}{3}$　⑤ $\frac{159700}{3}$
⑥ $\frac{160000}{3}$

2 A 君はあるスマートフォンのゲームアプリで遊んでいる．このゲームのガチャ（くじ）で A 君が欲しいキャラクターが出てくる確率は常に 10% とする．このくじを 100 回おこない，欲しいキャラクターの得られた回数を確率変数 X で表す．次の文章の空欄に当てはまる数値として適当なものを，指定された解答群の①〜⑥のうちからそれぞれ一つ選べ．ただし，同じものを繰り返し選んでもよい．

確率変数 X は二項分布 B(**1** , **2**) に従うので

$$\mathrm{E}[X] = \boxed{\ 3\ },\ \mathrm{V}[X] = \boxed{\ 4\ }$$

である．

このとき，欲しいキャラクターが5体以下となる確率 $\Pr(X \leq 5)$ を求めたい．ここで，$n = 100$ は十分に大きいので，X は正規分布 $\mathrm{N}\left(\boxed{\ 5\ }, \boxed{\ 6\ }\right)$ で近似できる．このことを利用すると

$$Z = \frac{X - \boxed{\ 5\ }}{\sqrt{\boxed{\ 6\ }}}$$

とおくとき，$Z \sim \mathrm{N}(0,1)$ である．したがって

$$\Pr(X \leq 5) = \Pr\left(\frac{X - \boxed{\ 5\ }}{\sqrt{\boxed{\ 6\ }}} \leq \frac{5 - \boxed{\ 5\ }}{\sqrt{\boxed{\ 6\ }}}\right)$$

$$= \Pr\left(Z \leq \boxed{\ 7\ }\right)$$

であるから，本書178ページの表を用いると $\Pr(X \leq 5)$ の近似値は $\boxed{\ 8\ }$ と得られる．

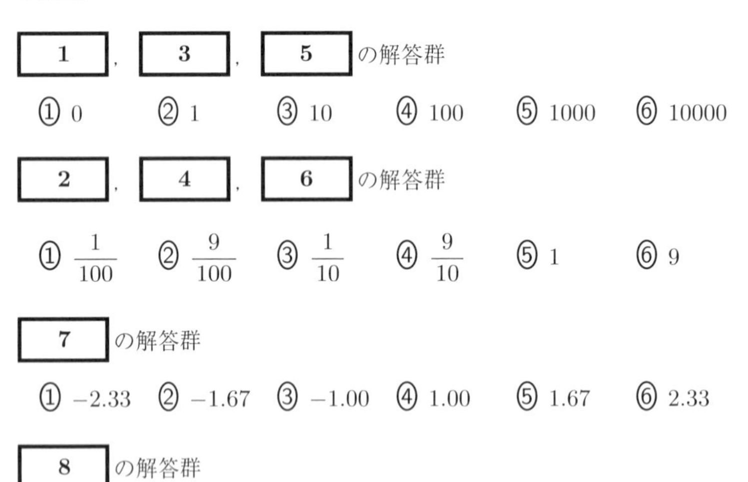

$\boxed{\ 1\ }$，$\boxed{\ 3\ }$，$\boxed{\ 5\ }$ の解答群

① 0　② 1　③ 10　④ 100　⑤ 1000　⑥ 10000

$\boxed{\ 2\ }$，$\boxed{\ 4\ }$，$\boxed{\ 6\ }$ の解答群

① $\frac{1}{100}$　② $\frac{9}{100}$　③ $\frac{1}{10}$　④ $\frac{9}{10}$　⑤ 1　⑥ 9

$\boxed{\ 7\ }$ の解答群

① -2.33　② -1.67　③ -1.00　④ 1.00　⑤ 1.67　⑥ 2.33

$\boxed{\ 8\ }$ の解答群

① 0.0099　② 0.0475　③ 0.1587　④ 0.8413　⑤ 0.9525　⑥ 0.9901

演習問題 B

1　［2021 年 1 月実施，大学入学共通テスト本試「数学 II・数学 B」問 3 より］

Q 高校の校長先生は，ある日，新聞で高校生の読書に関する記事を読んだ．そこで，Q 高校の生徒全員を対象に，直前の 1 週間の読書時間に関して，100 人の生徒を無作為に抽出して調査を行った．その結果，100 人の生徒のうち，この 1 週間に全く読書をしなかった生徒が 36 人であり，100 人の生徒のこの 1 週間の読書時間（分）の平均は 204 であった．Q 高校の生徒全員のこの 1 週間の読書時間の母平均を m，母標準偏差を 150 とする．

(1)　全く読書をしなかった生徒の母比率を 0.5 とする．このとき，100 人の無作為標本のうちで全く読書をしなかった生徒の数を表す確率変数を X とすると，X は［ア］に従う．また，X の平均（期待値）は［イウ］，標準偏差は［エ］である．

［ア］については，最も適当なものを，次の⓪～⑤のうちから一つ選べ．

⓪ 正規分布 N(0, 1)	① 二項分布 B(0, 1)
② 正規分布 N(100, 0.5)	③ 二項分布 B(100, 0.5)
④ 正規分布 N(100, 36)	⑤ 二項分布 B(100, 36)

(2)　標本の大きさ 100 は十分に大きいので，100 人のうち全く読書をしなかった生徒の数は近似的に正規分布に従う．
全く読書をしなかった生徒の母比率を 0.5 とするとき，全く読書をしなかった生徒が 36 人以下となる確率を p_5 とおく．p_5 の近似値を求めると $p_5 =$［オ］である．
また，全く読書をしなかった生徒の母比率を 0.4 とするとき，全く読書をしなかった生徒が 36 人以下となる確率を p_4 とおくと，［カ］である．

［オ］については，最も適当なものを，次の⓪～⑤のうちから一つ選べ．

⓪ 0.001	① 0.003	② 0.026
③ 0.050	④ 0.133	⑤ 0.497

［カ］の解答群

⓪ $p_4 < p_5$	① $p_4 = p_5$	② $p_4 > p_5$

9　標本調査と標本平均・標本比率の分布

問 9.1　母集団と標本

有権者が 10000 人の都市において，政策 A に関する支持率について標本調査することにした．2300 人の有権者を単純無作為抽出し，A を支持するかどうかを尋ねたところ，1300 人が支持する，1000 人が支持しないと回答した．

〔1〕　この標本調査における母集団と標本の組合せとして，次の①～④から最も適切なものを一つ選べ．

① 母集団：10000 人の有権者
標本：単純無作為抽出された 2300 人の有権者

② 母集団：10000 人の有権者
標本：A を支持するとした 1300 人の有権者

③ 母集団：A を支持するとした 1300 人の有権者
標本：10000 人の有権者

④ 母集団：単純無作為抽出された 2300 人の有権者
標本：10000 人の有権者

〔2〕　標本の大きさとして，次の①～④から最も適切なものを一つ選べ．

① 10000　　② 2300　　③ 1300　　④ 1000

問 9.2　標本平均の分布

ある科目の試験の得点は，平均 56，標準偏差 12 である分布に従っている．この試験を受けた受験生から無作為に 100 人を標本として選ぶ．このとき，標本平均が近似的に従う分布を，次の①～⑥から一つ選べ．

① 正規分布 $N(56, 144)$　　② 正規分布 $N(5.6, 144)$

③ 正規分布 $N(56, 1.44)$　　④ 正規分布 $N(5.6, 1.44)$

⑤ 二項分布 $B\left(100, \frac{1}{2}\right)$　　⑥ 二項分布 $B\left(100, \frac{3}{25}\right)$

問 9.3　標本比率の分布

成功確率 $p\,(0 < p < 1)$ をもつベルヌーイ母集団からの大きさ n の標本を $(X_1, X_2, \ldots, X_n)$ とする．すなわち，$X_1, X_2, \ldots, X_n$ は互いに独立であり，各 $X_i\,(i = 1, 2, \ldots, n)$ の確率分布は

$$\Pr(X_i = 1) = p, \quad \Pr(X_i = 0) = 1 - p$$

である．このとき，$\overline{X} = \dfrac{1}{n}\displaystyle\sum_{i=1}^{n} X_i$ とおくと，$\overline{X}$ の平均と分散は，

$$\mathrm{E}\left[\overline{X}\right] = \boxed{（ア）}, \quad \mathrm{V}\left[\overline{X}\right] = \frac{p(1-p)}{n}$$

である．中心極限定理によって，$\overline{X}$ の標準化 $\dfrac{\sqrt{n}\left(\overline{X} - p\right)}{\sqrt{p(1-p)}}$ は，n が十分大きなとき，近似的に（イ）に従う．

文中の（ア）と（イ）にあてはまる組合せとして次の①～④から適切なものを一つ選べ．

① （ア）p　　（イ）ベルヌーイ分布
② （ア）p　　（イ）標準正規分布
③ （ア）$1-p$　　（イ）ベルヌーイ分布
④ （ア）$1-p$　　（イ）標準正規分布

9.1　統計的推測の基本枠組み

9.1.1　母集団と標本

第1章で見たように，データを収集・整理する目的は，データの背後にある集団（**母集団**という）に関する特徴を明らかにすることである．母集団は，それを構成する最小単位である**個体**の集まりであり，各個体に対して関心のある値（**特性値**という）を対応させることにより，母集団を特性値の集合として捉えることができる．

統計調査は，母集団に属するすべての個体を対象にするか，あるいは一部

の個体を対象にするかにより区別される．前者を**全数調査**（**悉皆調査**）といい，後者を**標本調査**という．全数調査として有名なのが**国勢調査**である．国勢調査は5年に1度，日本に住んでいるすべての人を対象として調査がおこなわれる．母集団を構成する個体数が大きくなると全数調査が困難になることは容易に想像できる．そのような場合には，標本調査がおこなわれる．

標本調査としては，TV番組の視聴率調査，新聞各紙が実施する政党支持率調査，また，国が実施する家計消費状況調査，社会生活基本調査などがある．標本調査がおこなわれる理由として，経済的，時間的，あるいは物理的等様々な理由が考えられる．たとえば，

- **経済的**：多くの手間や費用がかかる場合，
- **時間的**：調査そのものに時間を費やす，あるいは結果の整理・分析に時間を費やし，そのため調査結果の価値がなくなる場合，
- **物理的**：調査をするために，たとえば破壊してしまったり，対象物を台無しにしてしまう場合

などである．

標本調査において，母集団から抜き出された個体の集合を**標本**といい，標本を構成する個体の数を**標本の大きさ**という．標本調査で重要なことは，母集団の様子をほぼ正確に反映するよう，偏りなく標本を抽出すること，つまり，母集団の各個体を等しい確率で抽出することである．これを**無作為抽出**（**単純無作為抽出**）という．

> **注意 9.1**　無作為抽出には，復元抽出と非復元抽出がある．本書では，復元抽出のみ扱う．

問 9.1 の解説

〔1〕　母集団，標本（112ページ）の定義から，①である．

〔2〕　②である．

9.1.2　統計的推測の基本的枠組み

統計的推測は，標本に基づいて母集団に関する何らかの知見を得ることを目的とする．特に，**母数**とよばれる母集団の特徴を示す値に関する知見を得

たい．代表的な母数として，**母平均**（母集団の平均），**母分散**（母集団の分散），**母比率**（母集団の比率）などがあり，それぞれ μ, σ^2, p で表す．

図 9.1 は，母平均 μ に関する統計的推測の基本的枠組みを示す．まず，母集団から大きさ n のデータ $(x_1, x_2, \ldots, x_n)$ を無作為抽出する（図 9.1 の①）．このとき，$(x_1, x_2, \ldots, x_n)$ は抽出する度に異なる値をとり得る．したがって，データは，独立に同じ確率分布に従う確率変数 $X_1, X_2, \ldots, X_n$ の実現値

$$X_1 = x_1, X_2 = x_2, \ldots, X_n = x_n$$

と考えることができる．ここで，$X_1, X_2, \ldots, X_n$ が独立に同じ確率分布に従うとは，任意の $x_1, x_2, \ldots, x_n$ に対し，

$$\begin{aligned}&\Pr(X_1 \leq x_1, X_2 \leq x_2, \ldots, X_n \leq x_n)\\&\qquad = \Pr(X_1 \leq x_1)\Pr(X_2 \leq x_2)\cdots\Pr(X_n \leq x_n)\end{aligned}$$

が成立することである．$X_1, X_2, \ldots, X_n$ が従う共通の確率分布を**母集団分布**という．確率変数 $X_1, X_2, \ldots, X_n$ が独立に同じ確率分布 F に従うことを $X_1, X_2, \ldots, X_n \overset{\text{iid}}{\sim} F$ で表す．

以後，母集団分布として次の場合を考える．

(A)　正規分布 $\mathrm{N}(\mu, \sigma^2)$※1.

(B)　平均 μ, 分散 σ^2 である正規分布とは限らない分布 F.

(C)　ベルヌーイ分布 $\mathrm{Be}(p)$※2.

たとえば，大きさ n の標本 $(X_1, X_2, \ldots, X_n)$ が正規母集団 $\mathrm{N}(\mu, \sigma^2)$ から得られるとは，$X_1, X_2, \ldots, X_n \overset{\text{iid}}{\sim} \mathrm{N}(\mu, \sigma^2)$ のことである．

図 9.1 の②では，母平均 μ に関し，大きさ n の標本 $(X_1, X_2, \ldots, X_n)$ がもつ情報を**標本平均**

$$\overline{X} = \frac{1}{n}\sum_{i=1}^{n} X_i \tag{9.1}$$

を用いて縮約する．母平均に関する推測であるから，標本平均を用いるのが自然であろう（注意 9.5 を参照）．

※1 母集団分布として $\mathrm{N}(\mu, \sigma^2)$ をもつ母集団を正規母集団という．

※2 母集団分布として $\mathrm{Be}(p)$ をもつ母集団をベルヌーイ母集団という．

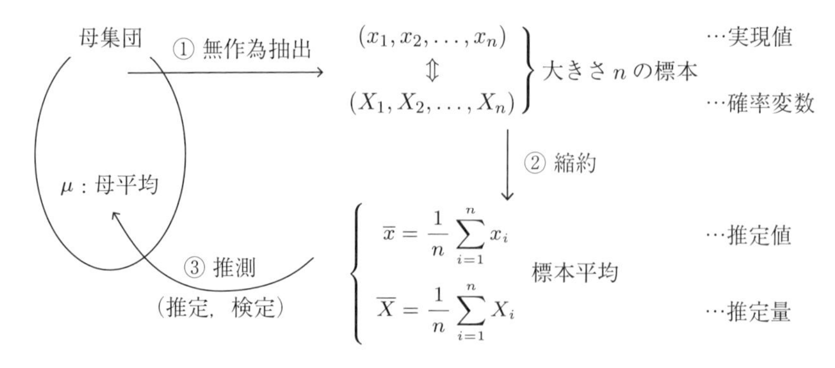

図 9.1　母平均に関する統計的推測の基本的枠組み

標本平均 $\overline{X}$ も確率的に変動するので，その確率分布を明らかにすることにより，標本平均を用いた母平均の統計的推測が可能（図 9.1 の③）になる．次節では，標本平均の分布について述べる．なお，統計的推測には推定と検定の2種類があり，それぞれ第10章，第11章で取り扱う．

注意 9.2　データは収集するだけでは何の役にも立たず，1つの意味のある量（いまの場合は標本平均）として縮約することによって役立つものとなる．一般に，標本から縮約される量（標本の関数）$T_n = T_n(X_1, X_2, \ldots, X_n)$ のことを**統計量**という．特に，得られたデータから母数を推定するために用いられる統計量を**推定量**といい，母平均 μ の推定量を $\hat{\mu}$，母比率 p の推定量を $\hat{p}$ で表す．たとえば，$\hat{\mu} = \overline{X}$ である．

9.2　標本平均の分布

9.2.1　正規母集団の場合

大きさ n の標本 $(X_1, X_2, \ldots, X_n)$ が正規母集団 $\mathrm{N}(\mu, \sigma^2)$ から得られたとする．このとき，正規分布の再生性[※3]から，標本平均 $\overline{X}$ は平均 μ，分散 σ^2/n の正規分布に従う．つまり，

[※3] $X_1 \sim \mathrm{N}\left(\mu_1, {\sigma_1}^2\right), X_2 \sim \mathrm{N}\left(\mu_2, {\sigma_2}^2\right)$，かつ X_1 と X_2 が互いに独立ならば $X_1 + X_2 \sim \mathrm{N}\left(\mu_1 + \mu_2, {\sigma_1}^2 + {\sigma_2}^2\right)$ である．

$$X_1, X_2, \ldots, X_n \overset{\text{iid}}{\sim} \mathrm{N}(\mu, \sigma^2) \quad \text{ならば} \quad \overline{X} \sim \mathrm{N}\left(\mu, \frac{\sigma^2}{n}\right) \tag{9.2}$$

である．式 (9.2) より，$\overline{X}$ はおしなべて（平均的に）μ に等しいこと，およびその標準偏差が母標準偏差 σ の $1/\sqrt{n}$ 倍であるから，$\overline{X}$ は X_i よりさらに μ 付近に集中して分布していることがわかる（図 9.2 参照）．図 9.2 は，点線，破線，実線の順で，$n = 1, 4, 8$ の場合の $\overline{X}$ の確率密度関数のグラフである．また，$\overline{X}$ を標準化すると

$$\frac{\sqrt{n}\left(\overline{X} - \mu\right)}{\sigma} \sim \mathrm{N}(0, 1) \tag{9.3}$$

である．

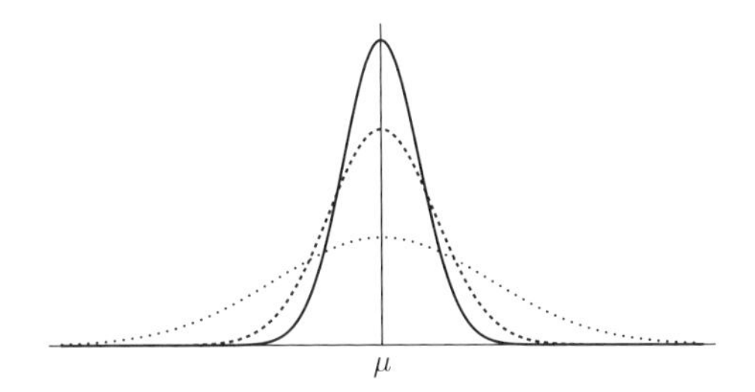

図 9.2 正規母集団 N(0,1) からの標本平均 $\overline{X}$ の確率密度関数 ($n = 1, 4, 8$)

9.2.2 非正規母集団の場合

母集団分布として平均 μ，分散 σ^2 の分布 F を仮定する．この母集団から無作為抽出された大きさ n の標本 $(X_1, X_2, \ldots, X_n)$ に対し，標本平均 $\overline{X}$ が従う分布について考える．以後，$\overline{X}$ の $n \to \infty$ の極限をとるときは，$\overline{X}$ の代わりに $\overline{X}^{(n)}$ を用いる．$\overline{X}^{(n)}$ の平均は

$$\mathrm{E}\left[\overline{X}^{(n)}\right] = \frac{1}{n}\sum_{i=1}^{n} \mathrm{E}[X_i] = \frac{n\mu}{n} = \mu \tag{9.4}$$

であり，$\overline{X}^{(n)}$ の分散は

$$\mathrm{V}\left[\overline{X}^{(n)}\right] = \mathrm{E}\left[\left(\overline{X}^{(n)} - \mu\right)^2\right] = \frac{\sigma^2}{n} \tag{9.5}$$

である（途中の計算に関しては，注意 9.4 参照）．

n が限りなく大きくなるとき，$\overline{X}^{(n)}$ のとり得る値は限りなく μ に近づく（注意 9.3 参照）．さらに，n が十分大きいとき，$\overline{X}^{(n)}$ の分布が平均 μ，分散 σ^2/n の正規分布 $\mathrm{N}\left(\mu, \dfrac{\sigma^2}{n}\right)$ で近似できることを次の**中心極限定理**が保証する．

中心極限定理

分布 F は平均 μ，分散 $\sigma^2 > 0$ をもつとする．$X_1, X_2, \ldots, X_n \overset{\mathrm{iid}}{\sim} F$ とする．このとき，任意の実数 x に対して，

$$\lim_{n\to\infty} \Pr\left(\frac{\sqrt{n}\left(\overline{X}^{(n)} - \mu\right)}{\sigma} \leq x\right) = \Phi(x) \tag{9.6}$$

が成立する．ここで，$\Phi(x)$ は標準正規分布の分布関数である．

中心極限定理の一例を図 9.3 に示す．F を区間 $(0, 1)$ 上の一様分布[※4]とし，$n = 1, 2, 4, 10$ とする．実線は $\overline{X}^{(n)}$ の確率密度関数を，破線は $\mathrm{N}\left(\mu, \dfrac{\sigma^2}{n}\right)$ の確率密度関数を示す．いまの場合，比較的小さな n でも正規分布に近づいていることがわかる．

注意 9.3　平均 μ，分散 $\sigma^2\ (< \infty)$ をもつ分布を F とし，$X_1, X_2, \ldots, X_n \overset{\mathrm{iid}}{\sim} F$ とする．このとき，$\overline{X}^{(n)}$ は n を限りなく大きくするとき，次の意味で μ に限りなく近づく．つまり，

$$\text{任意の正数 } \epsilon \text{ に対して，} \lim_{n\to\infty} \Pr\left(\left|\overline{X}^{(n)} - \mu\right| > \epsilon\right) = 0. \tag{9.7}$$

式 (9.7) を**大数の法則**という．式 (9.7) が意味することは，次のようである．どんな小さな正数 ϵ に対しても $\left|\overline{X}^{(n)} - \mu\right| > \epsilon$ となる確率がいくらでも 0 に近づくことができるように十分大きな n を取ることができる．これは，次の事実の一般化である：歪みのないコインを n 回投げる場合を考え，$k\ (k = 1, 2, \ldots, n)$ 回目に出たコインの表裏を X_k で表す．つまり，k 回目に表が出たならば $X_k = 1$，裏が出たならば $X_k = 0$ とし，$\Pr(X_k = 1) = 1/2$，$\Pr(X_k = 0) = 1/2$ とする．このとき，$\overline{X}$ は n 回のコイン投げで表が出た割合を示しており，n を限りなく大きくするとき，$\overline{X}$ が $\mu = \mathrm{E}[X_k] = 1/2$ に式 (9.7) の意味で近づく．

※4 一様分布については付録 A 参照．

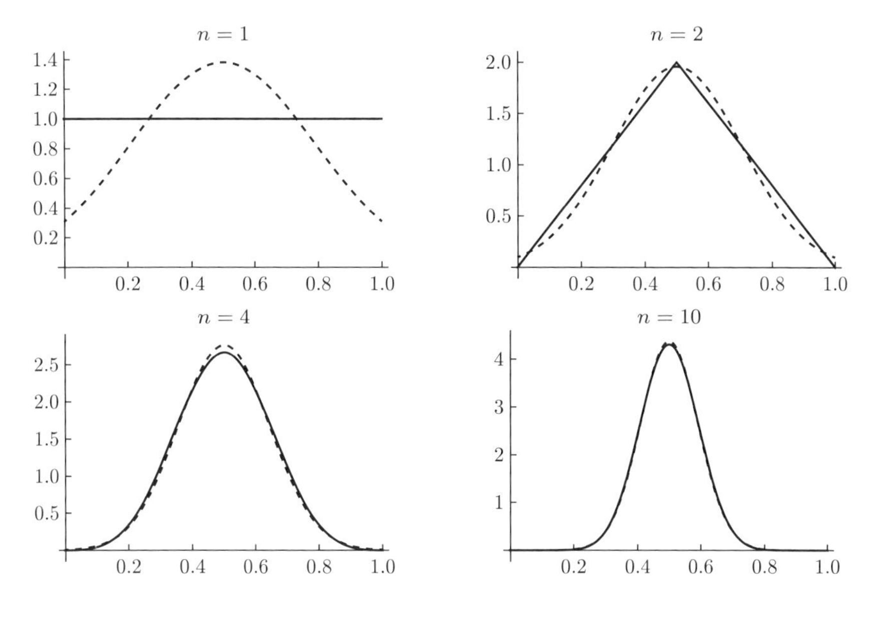

図 9.3 中心極限定理の例（F が $(0,1)$ 上の一様分布）

注意 9.4 式 (9.5) の導出は

$$\left(\overline{X}-\mu\right)^2 = \left\{\frac{1}{n}\sum_{i=1}^{n}(X_i-\mu)\right\}^2 = \frac{1}{n^2}\left\{\sum_{i=1}^{n}(X_i-\mu)^2 + \sum_{i\neq j}(X_i-\mu)(X_j-\mu)\right\}$$

であるから，

$$\mathrm{V}\left[\overline{X}\right] = \mathrm{E}\left[\left(\overline{X}-\mu\right)^2\right] = \frac{1}{n^2}\sum_{i=1}^{n}\mathrm{E}\left[(X_i-\mu)^2\right] + \frac{1}{n^2}\sum_{i\neq j}\mathrm{E}[(X_i-\mu)(X_j-\mu)]$$

$$= \frac{1}{n^2}\sum_{i=1}^{n}\mathrm{E}\left[(X_i-\mu)^2\right] + \frac{1}{n^2}\sum_{i\neq j}\mathrm{E}[X_i-\mu]\mathrm{E}[X_j-\mu] = \frac{n\sigma^2}{n^2} = \frac{\sigma^2}{n}.$$

注意 9.5 母平均 μ，母分散 σ^2 をもつ母集団からの大きさ n ($n \geq 3$ とする) の標本 $(X_1, X_2, \ldots, X_n)$ に対し，母平均 μ についての次の推定量のうち，どれが最も良い推定量であるかを考えてみよう．

$$① \ X_1 \qquad ② \ \frac{X_1+X_2}{2} \qquad ③ \ \overline{X}$$

これらの期待値は

$$\mathrm{E}[X_1] = \mathrm{E}\left[\frac{X_1+X_2}{2}\right] = \mathrm{E}\left[\overline{X}\right] = \mu$$

であるから，いずれも平均的に μ に等しいので，どれも同じ程度良い推定量といえる．一方，分散はそれぞれ

$$\mathrm{V}[X_1] = \sigma^2, \quad \mathrm{V}\left[\frac{X_1+X_2}{2}\right] = \frac{\sigma^2}{2}, \quad \mathrm{V}\left[\overline{X}\right] = \frac{\sigma^2}{n}$$

であるから，分散最小の観点から，これらのなかで一番良い推定量は $\overline{X}$ である．母平均の推測において標本平均を用いることは，直観的に妥当であるだけでなく，このような理由による．

問 9.2 の解説

標本の大きさ $n = 100$ は十分大きいので，中心極限定理 (9.6) により近似的に $\overline{X} \sim \mathrm{N}\left(56, \frac{12^2}{100}\right)$ である．よって，③である．

9.3　標本比率の分布

母集団分布として，成功確率 $p\,(0 < p < 1)$ のベルヌーイ母集団 $\mathrm{Be}(p)$ を仮定する．いま，大きさ n の標本 $(X_1, X_2, \ldots, X_n)$ が与えられたとする．つまり，$X_1, X_2, \ldots, X_n \overset{\mathrm{iid}}{\sim} \mathrm{Be}(p)$ とする．このとき，$Y_n = \sum_{i=1}^{n} X_i$ とおくと $Y_n \sim \mathrm{B}(n, p)$ であるから，式 (8.5) より

$$\mathrm{E}[Y_n] = np, \quad \mathrm{V}[Y_n] = np(1-p).$$

よって，式 (9.4), (9.5) より

$$\mathrm{E}\left[\overline{X}\right] = p, \quad \mathrm{V}\left[\overline{X}\right] = \frac{p(1-p)}{n} \tag{9.8}$$

である．ここで，Y_n は n 回の試行のうち成功した回数を表すので，$\overline{X} = Y_n/n$ は標本の中での成功の割合，つまり標本比率を表す．

n が十分大きなとき，中心極限定理 (9.6) より，$\overline{X}$ の分布は

$$\overline{X} \sim \mathrm{N}\left(p, \frac{p(1-p)}{n}\right)$$

に従うとしてよい．言い換えると，$\overline{X}$ の標準化

$$\frac{\sqrt{n}\left(\overline{X}-p\right)}{\sqrt{p(1-p)}} \tag{9.9}$$

の分布は標準正規分布 $\mathrm{N}(0,1)$ で近似できる．

問 9.3 の解説

式 (9.8), (9.9) より，②である．

演習問題

演習問題 A

1 $X_1, X_2, \ldots, X_n \overset{\text{iid}}{\sim} \mathrm{N}\left(50, 10^2\right)$ とする．このとき，

〔1〕 $n=16$ のとき，$\Pr\left(\overline{X} \geq 55\right)$ を求めよ．

〔2〕 $\Pr\left(\overline{X} \geq 55\right) \leq 0.05$ を満足する最小の n を求めよ．

2 $X_1, X_2, \ldots, X_n \overset{\text{iid}}{\sim} \mathrm{Be}\left(\frac{1}{2}\right)$ とする．このとき，

〔1〕 $n=100$ のとき，$\Pr(\overline{X} \geq 0.6)$ を求めよ．

〔2〕 $\Pr(\overline{X} \geq 0.6) \leq 0.05$ となる最小の n を求めよ．

演習問題 B

1 ［2021 年 6 月実施　統計検定®3 級問 18 より］

母平均 μ，母分散 σ^2 をもつ母集団から，大きさ n $(\geqq 2)$ の標本として $X_1, \ldots, X_n$ を無作為抽出し，それらの標本平均 $\overline{X}=\frac{1}{n}\sum_{i=1}^{n} X_i$ を考える．このとき，標本平均の性質として，次の①～⑤のうちから最も適切なものを一つ選べ．

① 標本平均は必ず母平均 μ に近い値をとる．
② 標本平均の標本分布の期待値は必ず μ となる．
③ 標本平均の標本分布の分散は必ず σ^2 となる．

④ 標本平均の標本分布は必ず正規分布になる．
⑤ 標本平均の標本分布は n に依存しない．

2　［統計検定®3 級新出題範囲例題集（問題および略解）問 6 より］

箱の中にある製品が入っていて，その中の不良品の割合は 5%である．この箱の中から 100 個の製品を無作為に取り出し，不良品か否かを確認する．100 個のうち不良品の数を確率変数 X とし，その標本比率を $\hat{p} = X/100$ とする．また，この箱の中の製品の数は十分多いものとする．

〔1〕 標本比率 $\hat{p}$ の平均 μ はいくらか．①～⑤のうちから最も適切なものを一つ選べ．

① 0　　② 0.0005　　③ 0.05　　④ 0.95　　⑤ 1

〔2〕 標本比率 $\hat{p}$ の標準偏差 σ はいくらか．①～⑤のうちから最も適切なものを一つ選べ．

① 0.0005　　② 0.022　　③ 0.048　　④ 0.22　　⑤ 4.8

〔3〕 $(\hat{p} - \mu)/\sigma$ が 1.96 以上の値を取る確率はいくらか．①～⑤のうちから最も適切なものを一つ選べ．ここで，標本比率を標準化した $(\hat{p} - \mu)/\sigma$ が標準正規分布 $N(0, 1)$ に近似的に従うことを用いてよい．

① 0.01　　② 0.025　　③ 0.05　　④ 0.95　　⑤ 0.975

10　母平均・母比率の区間推定

問 10.1　信頼係数 95% の信頼区間
「母平均 μ の信頼係数 95%の信頼区間」について，次の I から III の記述を考えた．

I. 無作為抽出された標本の値（データ）から μ の信頼区間の計算をおこなう．この一連の行為を 100 回繰り返すと，μ の値を含む信頼区間が得られるのはそのうち 95 回程度である．
II. 無作為抽出された標本の値（データ）から 100 人が μ の信頼区間を計算すると，95 人程度が同じ結果が得られる．
III. 信頼区間の 95% の範囲に真の μ の値が存在する．

この I から III の記述に関して，次の①〜⑥のうちから最も適切なものを一つ選べ．

① I のみ正しい　② II のみ正しい　③ III のみ正しい
④ I と II のみ正しい　⑤ I と III のみ正しい　⑥ II と III のみ正しい

問 10.2　母平均 μ の信頼区間
ある果物を栽培している畑がある．この果物を無作為に 50 個選んで重さを測ったところ，その標本平均の実現値が 160.0 g であった．このとき，母平均 μ の信頼度 95% の信頼区間として最も適切なものを，次の①〜⑥から一つ選べ．ただし，果物の重さは，母平均 μ g，母分散 50.0 g^2 の正規分布に従うとする．

① $112.0 \leq \mu \leq 209.0$　② $140.4 \leq \mu \leq 179.6$　③ $150.2 \leq \mu \leq 169.8$
④ $155.1 \leq \mu \leq 164.9$　⑤ $158.0 \leq \mu \leq 162.0$　⑥ $159.0 \leq \mu \leq 161.0$

10.1　統計的推定とは

統計的推定は，母集団から無作為抽出された標本 $(X_1, \ldots, X_n)$ を用いて，未知の母数を推測することである．具体的には，母集団分布を仮定し，その分布を特徴づける母数の推定量を無作為抽出された $(X_1, \ldots, X_n)$ から，そして，その推定値を標本の実現値であるデータ $(x_1, \ldots, x_n)$ から求める．母集団分布に正規分布 $\mathrm{N}(\mu, \sigma^2)$ を仮定するとき，推定したい母数は平均 μ と分散 σ^2 となる．また，母集団分布がベルヌーイ分布 $\mathrm{Be}(p)$ のとき，比率 p を推定することになる．

母数の推定には，**点推定**と**区間推定**がある．点推定では，母数を 1 つの値で推定する．このとき，$(X_1, \ldots, X_n)$ は確率変数であるため，推定量の変動を評価する必要がある．図 10.1 は，母集団分布 $\mathrm{N}(0, 10^2)$ から無作為抽出された大きさ $n = 100$ のデータを 100 回を生成し，各データから μ の点推定値である標本平均値 $\overline{x}$ を求めたときのヒストグラムである．この図より，標本平均（点推定）は標本に依存して分布（変動）することがわかる．既に述べたように，標本平均 $\overline{X}$ は正規分布 $\mathrm{N}(0, 1)$ に従っている．点推定の基準として，不偏性や一致性等があるが，ここではふれない．

それに対して，母数が属すると考えられる区間を確率の考え方を用いて求めるのが区間推定である．母数を θ で表すとき，θ がある区間 $[L, U]$ に入る確率が $1 - \alpha$ となること，すなわち，

$$\Pr(L \leq \theta \leq U) = 1 - \alpha$$

を保証するのが区間推定であり，**下側信頼限界** L と**上側信頼限界** U を求める．ここで，L と U は統計量である．区間 $[L, U]$ を θ の**信頼係数**

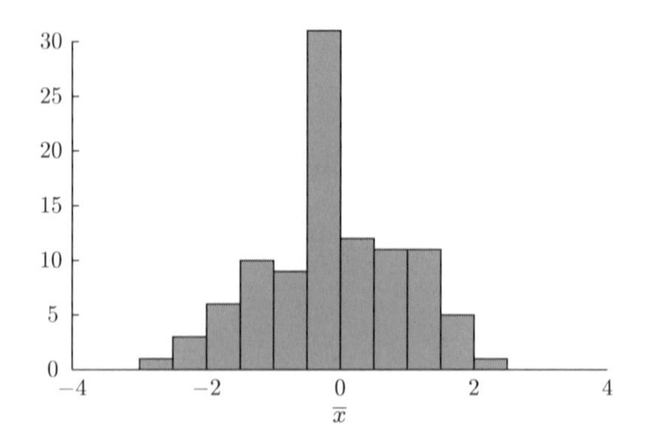

図 10.1　母集団分布 $\mathrm{N}(0, 10^2)$ から無作為抽出された大きさ $n = 100$ のデータを 100 回生成し，各データから求めた μ の点推定値（標本平均値）$\overline{x}$ のヒストグラム

$100(1-\alpha)\%$ の信頼区間（**信頼度 $100(1-\alpha)\%$ の信頼区間**）という．一般的には，$1-\alpha$ を 0.95 や 0.99 で設定することが多い．

10.2 母平均の区間推定

母集団分布に正規分布 $\mathrm{N}(\mu,\sigma^2)$ を仮定する．母平均 μ を未知，母分散 σ^2 を既知として，μ の信頼係数 $100\times(1-\alpha)\%$ の信頼区間を求める．

この母集団から，無作為抽出により大きさ n の標本 $(X_1,\ldots,X_n)$ が得られたとする．このとき，標本平均 $\overline{X}$ は正規分布 $\mathrm{N}(\mu,\sigma^2/n)$ に従う．これを標準化する：

$$Z=\frac{\overline{X}-\mu}{\sigma/\sqrt{n}}\sim \mathrm{N}(0,1).$$

次の確率を計算する：

$$\begin{aligned}\Pr(|Z|\le z_{\alpha/2})&=\Pr\left(\left|\frac{\overline{X}-\mu}{\sigma/\sqrt{n}}\right|\le z_{\alpha/2}\right)\\&=\Pr\left(\overline{X}-z_{\alpha/2}\frac{\sigma}{\sqrt{n}}\le\mu\le\overline{X}+z_{\alpha/2}\frac{\sigma}{\sqrt{n}}\right)\qquad(10.1)\\&=1-\alpha.\end{aligned}$$

ここで，$z_{\alpha/2}$ は標準正規分布 $\mathrm{N}(0,1)$ の上側 $100\times(\alpha/2)$ パーセント点であり，その点より上側の確率が $\alpha/2$ となる．式 (10.1) より，$L=\overline{X}-z_{\alpha/2}\dfrac{\sigma}{\sqrt{n}}$，$U=\overline{X}+z_{\alpha/2}\dfrac{\sigma}{\sqrt{n}}$ であるから，μ の信頼係数 $100\times(1-\alpha)\%$ の信頼区間は

$$\left[\overline{X}-z_{\alpha/2}\frac{\sigma}{\sqrt{n}},\ \overline{X}+z_{\alpha/2}\frac{\sigma}{\sqrt{n}}\right]\qquad(10.2)$$

である．実際には，データ $(x_1,\ldots,x_n)$ から標本平均値 $\overline{x}$ を求め，式 (10.2) の $\overline{X}$ を $\overline{x}$ で置き換えた

$$\left[\overline{x}-z_{\alpha/2}\frac{\sigma}{\sqrt{n}},\ \overline{x}+z_{\alpha/2}\frac{\sigma}{\sqrt{n}}\right]\qquad(10.3)$$

により，信頼区間を求めることができる．

問 10.2 の解説

ある果物の重さの標本平均 $\overline{X}$ は平均 μ，分散 $50/50 = 1$ の正規分布 $\mathrm{N}(\mu, 1)$ に従う．無作為に選ばれた 50 個の果物の重さの平均値が $\overline{x} = 160.0$ であるので，母平均 μ の信頼度 95% の信頼区間 $[L, U]$ は

$$L = 160.0 - 1.96 = 158.04, \qquad U = 160.0 + 1.96 = 161.96$$

となる．よって，⑤である．

例題 10.1　ある検定試験の受験者から 50 人を無作為抽出したところ，標本平均は 65 点であった．この検定試験の受験者の得点は正規分布 $\mathrm{N}(\mu, \sigma^2)$ に従うと仮定する．母分散 $\sigma^2 = 200$ であるとき，母平均 μ の信頼係数 95% の信頼区間を求めよ．

解　標本の大きさは $n = 50$，標本平均 $\overline{x} = 65$ より，μ の信頼係数 95% の信頼区間の下側信頼限界と上側信頼限界は，$z_{0.025} = 1.96$ より，

$$L = 65 - 1.96 \times \sqrt{\frac{200}{50}} = 61.08,$$

$$U = 65 + 1.96 \times \sqrt{\frac{200}{50}} = 68.92$$

となり，信頼区間

$$[61.1,\ 68.9]$$

を得る．□

10.3　母比率の区間推定

母集団分布が比率 p を母数にもつベルヌーイ分布 $\mathrm{Be}(p)$ であると仮定する．大きさ n の標本 $(X_1, \ldots, X_n)$ が得られたとき，母比率 p の点推定量は標本比率 $\overline{X}$ である．ここで，

$$\sum_{i=1}^{n} X_i \sim \mathrm{B}(n, p)$$

であることを利用すると，$\displaystyle\sum_{i=1}^{n} X_i = n\overline{X}$ より，

$$\mathrm{E}[\overline{X}] = p, \qquad \mathrm{V}[\overline{X}] = \frac{p(1-p)}{n}$$

である．中心極限定理により，$\overline{X}$ を標準化した

$$Z = \frac{\overline{X} - p}{\sqrt{p(1-p)/n}} \tag{10.4}$$

の分布を考える．このとき，十分に大きな n において，Z の分布は標準正規分布 $\mathrm{N}(0,1)$ で近似[※1]できる．

二項分布が正規近似できる条件として，経験的に $np \geq 5$，$n(1-p) \geq 5$ となる n が必要であることがよく知られている．p が 0 または 1 に近い値をとるとき，$\mathrm{B}(n,p)$ は非対称となり，正規分布に近似するためには n を大きくする必要がある．たとえば，$p = 0.1$ であれば $n \geq 50$ である．一方，$p = 0.5$ であれば，$\mathrm{B}(n,p)$ は対称となり，$n \geq 10$ となる．

式 (10.4) による正規近似のもとで，母比率 p の信頼係数 $100 \times (1-\alpha)\%$ の信頼区間を求める．式 (10.1) より，

$$\begin{aligned} &\Pr\big(|Z| \leq z_{\alpha/2}\big) \\ &= \Pr\left(\overline{X} - z_{\alpha/2}\sqrt{\frac{p(1-p)}{n}} \leq p \leq \overline{X} + z_{\alpha/2}\sqrt{\frac{p(1-p)}{n}}\right) \\ &= 1 - \alpha \end{aligned} \tag{10.5}$$

となる．上側信頼限界と下側信頼限界に相当する部分には未知母数 p が含まれているが，p の代わりに p の推定量 $\overline{X}$ で置き換えて，$L = \overline{X} - z_{\alpha/2}\sqrt{\frac{\overline{X}(1-\overline{X})}{n}}$，$U = \overline{X} + z_{\alpha/2}\sqrt{\frac{\overline{X}(1-\overline{X})}{n}}$ とする．母比率 p の信頼係数 $100 \times (1-\alpha)\%$ の信頼区間は，

$$\left[\overline{X} - z_{\alpha/2}\sqrt{\frac{\overline{X}(1-\overline{X})}{n}},\ \overline{X} + z_{\alpha/2}\sqrt{\frac{\overline{X}(1-\overline{X})}{n}}\right] \tag{10.6}$$

となる．データ $(x_1, \ldots, x_n)$ から標本比率の値 $\overline{x}$ が得られたとき，式 (10.6) から p の信頼係数 $100 \times (1-\alpha)\%$ の信頼区間は次の式で求めることができる：

[※1] Z の分布が近似的に正規分布に従うことを Z の正規近似という．

$$\left[\overline{x} - z_{\alpha/2}\sqrt{\frac{\overline{x}(1-\overline{x})}{n}},\ \overline{x} + z_{\alpha/2}\sqrt{\frac{\overline{x}(1-\overline{x})}{n}}\right]$$

注意 10.1　**式 (10.6) の導出**：式 (10.5) において，

$$|Z| = \left|\frac{\overline{X} - p}{\sqrt{p(1-p)/n}}\right| \leq z_{\alpha/2}$$

を p の2次不等式を解いて，

$$\frac{\overline{X} + \dfrac{z_{\alpha/2}^2}{2n} - z_{\alpha/2}\sqrt{\dfrac{\overline{X}(1-\overline{X})}{n} + \dfrac{z_{\alpha/2}^2}{4n^2}}}{1 + \dfrac{z_{\alpha/2}^2}{n}}$$

$$\leq p \leq \frac{\overline{X} + \dfrac{z_{\alpha/2}^2}{2n} + z_{\alpha/2}\sqrt{\dfrac{\overline{X}(1-\overline{X})}{n} + \dfrac{z_{\alpha/2}^2}{4n^2}}}{1 + \dfrac{z_{\alpha/2}^2}{n}}$$

を得る．ここで，十分大きな n に対し，$z_{\alpha/2}^2/n$ は非常に小さい値になる．そこで，この項を無視し，式 (10.6) を得る．

例題 10.2　例題 10.1 の 50 人のうち 65 点以上の得点をとったものが 30 人であったとする．65 点以上が検定試験の合格であるとするとき，合格率 p の信頼係数 95% の信頼区間を求めよ．

解　母集団分布を母比率 p をもつベルヌーイ分布と仮定してよい．標本比率は $\overline{x} = 30/50 = 0.60$ より，p の信頼係数 95% の信頼区間の下側信頼限界と上側信頼限界は

$$L = 0.60 - 1.96 \times \sqrt{\frac{0.60 \times 0.40}{50}} = 0.464,$$

$$U = 0.60 + 1.96 \times \sqrt{\frac{0.60 \times 0.40}{50}} = 0.736$$

となり，信頼区間

$$[0.464,\ 0.736]$$

を得る．　□

10.4 信頼区間について

信頼区間の意味について考える．式 (10.1) より，推定量を用いて母平均 μ の信頼係数 $100 \times (1-\alpha)\%$ の信頼区間を表すと，

$$\overline{X} - z_{\alpha/2}\frac{\sigma}{\sqrt{n}} \leq \mu \leq \overline{X} + z_{\alpha/2}\frac{\sigma}{\sqrt{n}} \tag{10.7}$$

となる．ここで，標本平均の推定量 $\overline{X}$ は確率変数であり，μ は未知の定数であることに注意する．したがって，式 (10.7) の信頼区間において，μ が変動するのではなく，標本 $(X_1, \ldots, X_n)$ に応じて

$$L = \overline{X} - z_{\alpha/2}\frac{\sigma}{\sqrt{n}}, \qquad U = \overline{X} + z_{\alpha/2}\frac{\sigma}{\sqrt{n}}$$

で与えられる L と U が変動することになる．標本 $(X_1, \ldots, X_n)$ の抽出を M 回おこない，それぞれに対して抽出された標本から μ の信頼係数 $100 \times (1-\alpha)\%$ の信頼区間を求めると，$M \times (1-\alpha)$ 回程度が μ を含む区間になる．これが，信頼係数 $100 \times (1-\alpha)\%$ の意味である．

図 10.2 は，母集団分布として仮定した標準正規分布 $\mathrm{N}(0,1)$ から 100 回の無作為抽出をおこない，μ の信頼係数 95% の信頼区間を求めたシミュレーションの結果である．左図が標本の大きさ $n = 10$ であり，右図が $n = 100$ である．標本の値（データ）に依存して，信頼区間が変動していることがわかる．このシミュレーションでは，信頼区間に母平均 $\mu = 0$ を含まないものは，$n = 10$ において 6 回，$n = 100$ において 3 回であった．

問 10.1 の解説

信頼区間の意味から，①である．

次に，標本の大きさ n と信頼区間の幅について考える．式 (10.2) より，信頼区間の幅 d は

$$d = U - L = 2 \times z_{\alpha/2}\frac{\sigma}{\sqrt{n}}$$

で計算される．

同じ信頼係数であれば，信頼区間の幅が狭いほど精度が高い推定になる．

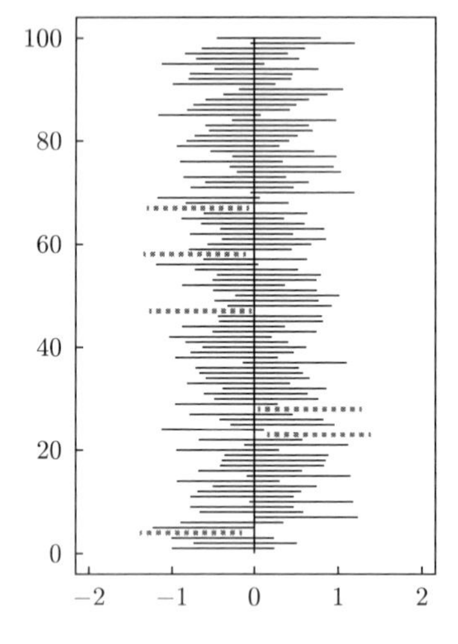

μ の信頼係数 95% の信頼区間 (n=10)

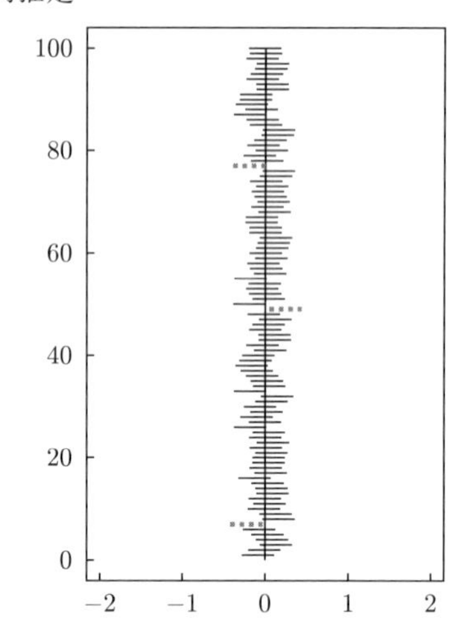

μ の信頼係数 95% の信頼区間 (n=100)

図 10.2　母平均 μ の信頼係数 95 % の信頼区間のシミュレーション ($M = 100$, $n = 10$, 100)

上の式より信頼区間の幅 d は，$\overline{X}$ の標準誤差 $\sigma/\sqrt{n}$ のみに関係することがわかる．この式において，σ は既知であるので，n を大きくすると信頼区間の幅が狭くなり，そのオーダーは $1/\sqrt{n}$ であることがわかる．これより，信頼区間の幅を 1/10 にするためには，標本の大きさを $n \times 10^2$ とする必要がある．図 10.2 の 100 回の信頼区間のシミュレーションの結果を比較すると，明らかに $n = 100$ の区間推定の幅が狭くなっていることが確認できる．

最後に，信頼係数 $100 \times (1 - \alpha)\%$ と信頼区間の幅 d について考える．区間推定の信頼を高くするためには，信頼係数 $100 \times (1 - \alpha)\%$ を大きく設定することになるが，それに伴いパーセント点 $z_{\alpha/2}$ の値が大きくなるため，区間幅は広くなる．したがって，信頼を高めながら（信頼係数を大きくしながら），区間幅を狭くすることはできない．図 10.3 は，標本の大きさを $n = 100$ として，μ の信頼係数 $100 \times (1 - \alpha)\%$ の信頼区間の幅を描いたものであり，信頼係数と区間幅の変化を確認することができる．

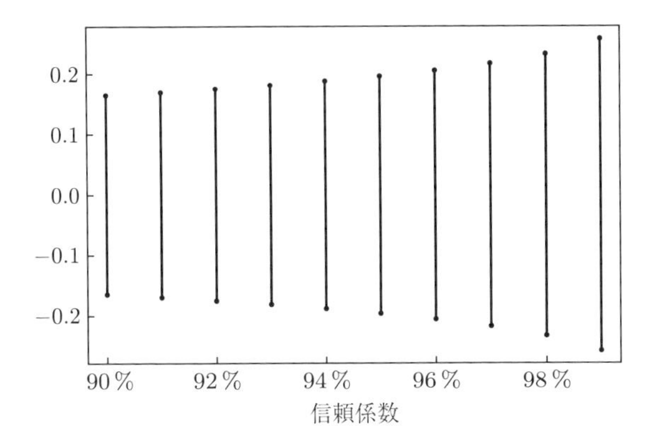

図 10.3 信頼係数 $100 \times (1-\alpha)\%$ に対する母平均 μ の信頼区間の幅の変化

例題 10.3 例題 10.1 の母集団から 5000 人を無作為抽出したところ，65 点以上の得点をとったのは 3000 人であった．例題 10.2 と同様に母比率 p の信頼係数 95% の信頼区間を求めよ．

解 標本比率は $\overline{x} = 3000/5000 = 0.60$ より，

$$L = 0.60 - 1.96 \times \sqrt{\frac{0.60 \times 0.40}{5000}} = 0.586,$$

$$U = 0.60 + 1.96 \times \sqrt{\frac{0.60 \times 0.40}{5000}} = 0.614$$

である．これより，信頼区間は

$$[0.586,\ 0.614]$$

となり，半数以上がこの検定試験に合格しているという推定結果を得ることができる． □

例題 10.2 と 10.3 より，信頼区間の幅は $n = 50$ のときが 0.272，$n = 5000$ のときが 0.027 であり，n を大きくすることで精度が高い推定になることが確認できる．

なお，母分散が未知の場合について，本書ではふれない．

演習問題

演習問題 A

1　ある検定試験の受験者のなかから 100 人を無作為抽出したところ，得点の標本平均は 55 点であった．この検定試験の受験者の得点は正規分布 $\mathrm{N}(\mu, \sigma^2)$ に従うと仮定する．母分散 $\sigma^2 = 400$ であるとき，母平均 μ の信頼係数 95% の信頼区間を求めよ．

2　**1** で無作為抽出された 100 人のうち 60 点以上の得点であったものは 20 人であった．この検定試験の合格点が 60 点以上であるとき，合格率 p の信頼係数 95% の信頼区間を求めよ．

3　標本比率が $\overline{x}$ であるとき，合格率 p の信頼係数 95% の信頼区間の幅を 0.05 以下にするために必要となる標本の大きさ n を求めよ．ここで，信頼区間の幅とは，信頼区間を $[L, U]$ で表すとき，$U - L$ である．

演習問題 B

1　［2021 年 6 月実施　統計検定®3 級問 19 より］

あるパン屋で製造されているあんパンの重さの平均 μ（g）を調べるために，10 個のあんパンの重さに基づき信頼度（信頼係数）95%の平均の信頼区間を求めることにした．ただし，あんパンの重さは独立に平均 μ，標準偏差 2 の正規分布に従っていると仮定する．このとき，次の I〜III の記述を考えた．

> I. 信頼度を 95%から 99%に変えると，信頼区間の幅は狭くなる．
> II. 重さを測るあんパンの個数を 10 個から 50 個に増やすと，信頼区間の幅は狭くなる．
> III. 見た目の小さいあんパンだけを 10 個集めると，必ず信頼区間の幅は狭くなる．

この記述 I〜III に関して，次の①〜⑤のうちから最も適切なものを一つ選べ．

① I のみ正しい　② II のみ正しい
③ III のみ正しい　④ I と II のみ正しい
⑤ I と III のみ正しい

11 母平均・母比率の仮説検定

問 11.1 母平均の仮説検定

ある飲料メーカーは「この製品の平均内容量は 150 mL です」と公表しているが，最近この量が少ないのではないかとネットニュースで話題になっている．そこで，この製品 16 本を無作為に抽出して調べてみたところ，その標本平均は 147.45 mL であった．このことから平均内容量は減ったと主張してよいか．有意水準 $\alpha = 0.05$ で検定せよ．ただし，内容量は母分散 $\sigma_*^2 = 6.0^2$ の正規分布に従っていると仮定してよい．

〔1〕 設定すべき仮説として，次の①～③から最も適切なものを一つ選べ．

① $H_0 : \mu = 150 \quad \text{vs.} \quad H_1 : \mu > 150$

② $H_0 : \mu = 150 \quad \text{vs.} \quad H_1 : \mu < 150$

③ $H_0 : \mu = 150 \quad \text{vs.} \quad H_1 : \mu \neq 150$

〔2〕 この飲料の内容量が従う母集団からの標本を $(X_1, X_2, \ldots, X_{16})$，標本平均を $\overline{X}$ とする．H_0 のもとで検定統計量 Z と Z が従う分布の組合せとして，次の①～④から最も適切なものを一つ選べ．

① $Z = \dfrac{\overline{X} - 150}{6}, \quad Z \sim \mathrm{N}(0, 1)$ ② $Z = \dfrac{\overline{X} - 150}{3/2}, \quad Z \sim \mathrm{N}(0, 1)$

③ $Z = \dfrac{\overline{X} - 150}{6}, \quad Z \sim \mathrm{N}(1, 1)$ ④ $Z = \dfrac{\overline{X} - 150}{3/2}, \quad Z \sim \mathrm{N}(1, 1)$

〔3〕 検定統計量 Z の取る値として，次の①～④から最も適切なものを一つ選べ．

① -3.825 ② -0.425 ③ -1.700 ④ -0.283

〔4〕 p 値として，次の①～④から最も適切なものを一つ選べ．

① 0.0669 ② 0.0548 ③ 0.0446 ④ 0.0359

〔5〕 検定の結果として，次の①～②から最も適切なものを一つ選べ．

① H_0 を棄却する　　② H_0 を棄却しない

問 11.2　母比率の仮説検定

○ が 3 面，×が 3 面の 6 面のさいころを作成し，十数回投げてみたところ，○ が出やすい気がした．○ の出る比率を p として，次のような仮説

$$H_0: p = \frac{1}{2} \quad \text{vs.} \quad H_1: p > \frac{1}{2}$$

を立て，有意水準 $\alpha = 0.05$ の片側検定を実施する．

〔1〕 10 回投げたとき，○の出た回数を Y で表す．このとき，H_0 が真のときの Y の分布は次のようになる．

y	0	1	2	3	4	5
$\Pr(Y=y)$	0.0010	0.0098	0.0439	0.1172	0.2051	0.2461
y	6	7	8	9	10	合計
$\Pr(Y=y)$	0.2051	0.1172	0.0439	0.0098	0.0010	1.0000

棄却域として，次の①～⑥のうちから最も適切なものを一つ選べ．

① $\{0,1\}$　② $\{0,1,2\}$　③ $\{0,1,2,3\}$
④ $\{8,9,10\}$　⑤ $\{9,10\}$　⑥ $\{10\}$

〔2〕 このさいころを 100 回投げたときの ○の出た回数を Y で表す．100 回は十分に大きいので，帰無仮説が真のとき，Y の分布は正規分布 $\mathrm{N}(50, 25)$ で近似できる．このとき，棄却域として，次の①～⑥のうちから最も適切なものを一つ選べ．ここに，y は Y の実現値を表す．

① $y < 19.9$　② $y < 40.2$　③ $y < 41.8$
④ $y > 58.2$　⑤ $y > 59.8$　⑥ $y > 70.1$

11.1　仮説検定の基本的考え方

本節では，仮説検定の基本的考え方を示し，次節以降で，母平均および母比率の仮説検定を紹介する．

仮説検定とは，母集団（特に，母数）に関する仮説を立て，データから得

られる結果に基づき，仮説が正しいか正しくないか判断するための統計的方法をいう．ここで，仮説が正しくないと判断することを，仮説を**棄却する**という[※1]．仮説検定では，どの程度小さい確率の事象が起こると仮説を棄却するか，という基準を予め定めておく．この基準となる確率 α を**有意水準**という．

仮説検定における一般的な手順は次のようになる．

0) 有意水準 α を定める[※2]．

1) 母数について 2 つの仮説を設定する．それらを**帰無仮説**，**対立仮説**といい，それぞれ H_0, H_1 で表す．

2) 帰無仮説 H_0 が真のとき，**検定統計量**が従う分布を求める．ここで，検定統計量は標本の関数であり，標本がもつ情報の縮約である．

3) 有意水準に対し，仮説が棄却されるような検定統計量の値の範囲が定まる．この範囲を有意水準 α の**棄却域**という．棄却域を用い，判断ルールを

「検定統計量の値が棄却域に入るならば，H_0 を棄却する」

というように定める．ただし，棄却域は対立仮説 H_1 の定め方に依存する．

4) 実際に調査や実験をおこない，データを取得する．取得したデータから検定統計量の値を求める．

5) 4) で得られた検定統計量の値に基づき，3) で定めた判断ルールに従い，H_0 を棄却するかそうでないかを判断する．

11.2 母平均の仮説検定

正規母集団 $\mathrm{N}(\mu, \sigma^2)$ を仮定し，母平均 μ に関する有意水準 α の仮説検定を考える（図 9.1 参照）．以後，母分散 σ^2 が既知の場合と未知の場合に分けて説明する．

※1 仮説を棄却できないとき，その仮説が正しいと判断できるわけではない．

※2 有意水準として，$\alpha = 0.05$ または $\alpha = 0.01$ を用いることが多い．

11.2.1　母平均 μ に関する仮説検定（母分散 σ_*^2 既知）

1) **仮説を設定する：** 母平均 μ に関する2つの仮説を設定する．帰無仮説と対立仮説の組で考え，μ_0 をある実数として，

$$H_0 : \mu = \mu_0 \quad \text{vs.} \quad H_1 : \mu > \mu_0 \tag{11.1}$$

$$H_0 : \mu = \mu_0 \quad \text{vs.} \quad H_1 : \mu < \mu_0 \tag{11.2}$$

$$H_0 : \mu = \mu_0 \quad \text{vs.} \quad H_1 : \mu \neq \mu_0 \tag{11.3}$$

のいずれかを設定する．(11.1) および (11.2) を**片側検定**といい，(11.3) を**両側検定**という．

2) **検定統計量の分布を求める：** 大きさ n の標本 $(X_1, X_2, \ldots, X_n)$ に対し標本平均 $\overline{X}$ を考える．帰無仮説 H_0 のもとで※3 $\overline{X}$ は $\mu = \mu_0$ の近くに分布する．実際，$\overline{X} \sim \mathrm{N}\big(\mu, \sigma_*^2/n\big)$ である．したがって，

$$Z = \frac{\sqrt{n}\big(\overline{X} - \mu_0\big)}{\sigma_*} \tag{11.4}$$

とすると，H_0 のもとで $Z \sim \mathrm{N}(0,1)$ である．この Z が検定統計量である．

3) **判断ルールを定める：** いま，片側検定 (11.1) を考えよう※4．検定統計量 (11.4) の分布において，データから求めた値 (11.6) が生起しやすい値であるか，非常に生起しにくい値であるかを見て，「もし非常に生起しにくい値であれば，H_0 を棄却する」ように判断ルールを作成したい．つまり，有意水準 α（α は非常に小さい確率）に対し，$Z > z$ となる事象が生起する確率が高々 α となるような領域を設定する．

H_0 のもとで $Z \sim \mathrm{N}(0,1)$ であるから，有意水準 α に対し

$$\Pr(Z > z) = \alpha$$

を満足する z の値を標準正規分布表より求め，それを z_α とする（注意 11.2 参照）．このとき，$z > z_\alpha$ となる領域が棄却域である．

以上より，判断ルールは

※3 「帰無仮説 H_0 のもとで」とは，「H_0 が真であると仮定した場合」と同じ意味である．

※4 判断ルールは対立仮説 H_1 の設定の仕方に依存する．注意 11.3, 11.4 参照．

$$\begin{aligned} z > z_\alpha &\Longrightarrow H_0 \text{ を棄却する} \\ z \le z_\alpha &\Longrightarrow H_0 \text{ を棄却しない} \end{aligned} \tag{11.5}$$

で与えられる（図 11.1 参照）.

4) **データから検定統計量の値を計算する：** 実際のデータ $(x_1, x_2, \ldots, x_n)$ を用いて，検定統計量 (11.4) の値

$$z = \frac{\sqrt{n}(\overline{x} - \mu_0)}{\sigma_*} \tag{11.6}$$

を計算する.

5) **結論を下す：** 値 (11.6) に対し，判断ルール (11.5) を適用し，結論を下す.

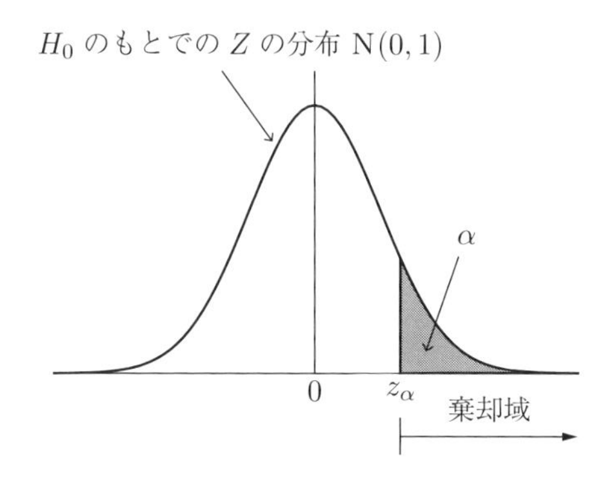

- $z = \dfrac{\sqrt{n}(\overline{x} - \mu_0)}{\sigma_*}$ を計算
- $z > z_\alpha \quad \Longrightarrow \quad H_0$ を棄却する

図 11.1 母平均 μ の片側検定 $H_0 : \mu = \mu_0$ vs. $H_1 : \mu > \mu_0$ （有意水準 α）

注意 11.1 帰無仮説 H_0 のもとで，標本平均 $\overline{X}$ は $\mu = \mu_0$ の近くに分布する. 実際，$\overline{X} \sim \mathrm{N}\big(\mu_0, \sigma_*^2/n\big)$ である．したがって，標本平均値 $\overline{x}$ が μ_0 から乖離することは確率的に低いはずである．そこで，$\overline{x}$ と μ_0 の乖離度を測るため，

$$z = \frac{\sqrt{n}(\overline{x} - \mu_0)}{\sigma_*} = \frac{\overline{x} - \mu_0}{\sigma_*/\sqrt{n}}$$

を用いる．z は，$\overline{x}$ と μ_0 の差と標準誤差 $\sigma_*/\sqrt{n}$ との比で与えられている．ここで，$\overline{x}$ を確率変数 $\overline{X}$ で置き換えて検定統計量

$$Z = \frac{\sqrt{n}\left(\overline{X} - \mu_0\right)}{\sigma_*}$$

が導かれる．

注意 11.2　α $(0 < \alpha < 1)$ に対して，$\Pr(Z > z_\alpha) = \alpha$ を満足する z_α を標準正規分布の**上側 α 点**という．特に，$\alpha = 0.05, 0.025, 0.01, 0.005$ に対し

$$z_{0.05} = 1.64,\ z_{0.025} = 1.96,\ z_{0.01} = 2.33,\ z_{0.005} = 2.58$$

である．これらの値は頻繁に用いられる．

注意 11.3　有意水準 α の片側検定 (11.2) の判断ルールは

$$\begin{aligned} z < -z_\alpha &\implies H_0 \text{ を棄却する} \\ z \geq -z_\alpha &\implies H_0 \text{ を棄却しない} \end{aligned} \tag{11.7}$$

である．

注意 11.4　有意水準 α の両側検定 (11.3) の判断ルールは

$$\begin{aligned} |z| > z_{\alpha/2} &\implies H_0 \text{ を棄却する} \\ |z| \leq z_{\alpha/2} &\implies H_0 \text{ を棄却しない} \end{aligned}$$

である．

注意 11.5　**p 値**とは，データから計算される検定統計量の値 (11.6) に対して，Z が z より極端に振れる確率 $\Pr(Z > z)$ をいう．したがって，p 値 $\Pr(Z > z)$ が有意水準 α 以下であれば H_0 を棄却する．p 値は対立仮説の設定の仕方に応じて定まる値であり，片側検定 (11.2) の場合は $\Pr(Z < z)$ であり，両側検定 (11.3) の場合は $\Pr(|Z| > z)$ である．統計ソフトウェアの検定に関する出力結果には p 値が与えられていることも多い．

問 11.1 の解説

〔1〕 問題文中の「この製品の平均内容量は 150 mL」から帰無仮説を $H_0 : \mu = 150$ とし，「この量が少ないのではないか」から対立仮説を $H_1 : \mu < 150$ とする．よって，②である．

〔2〕 式 (11.4) より $Z = \dfrac{\sqrt{16}\left(\overline{X} - 150\right)}{6} = \dfrac{\overline{X} - 150}{3/2}$ であるから，②である．

〔3〕 式 (11.6) において，$n = 16, \overline{x} = 147.45, \mu_0 = 150, \sigma_* = 6$ であるから，$z = -1.7$ である．よって，③．

〔4〕 注意 11.5 より，p 値は巻末の数表より $\Pr(Z < -1.7) = 0.0446$ である．よって，③．

〔5〕 〔3〕の結果より，$-1.7 = z < -1.64 = z_{0.05}$ であるから，判断ルール (11.7) に基づき，H_0 を棄却する．よって，①．

例題 11.1 ある農家が生産しているじゃがいもの重量は，例年平均 90 (g) であるが，今年は天候不良のため，例年より平均重量が軽いのではないかと考えている．収穫されたじゃがいもを無作為に 20 個抽出したところ，重量の標本平均は 85.6 (g) であった．今年生産されたじゃがいもの平均重量を μ として，有意水準 $\alpha = 0.05$ の検定

$$H_0 : \mu = 90 \quad \text{vs.} \quad H_1 : \mu < 90$$

を実施せよ．ただし，今年生産されたじゃがいもの重量は正規分布に従い，母分散は $11^2\,(\mathrm{g}^2)$ であるとする．

解 題意より，式 (11.6) において $\mu_0 = 90$, $\sigma_* = 11$, $n = 20$, $\overline{x} = 85.6$ であるから，

$$z = \frac{\sqrt{n}(\overline{x} - \mu_0)}{\sigma_*} = \frac{\sqrt{20}(85.6 - 90)}{11} = -1.79$$

である．判断ルール (11.7) を用いて

$$z = -1.79 < -1.64 = -z_{0.05}$$

であるから，H_0 を棄却する． □

11.2.2 母平均 μ に関する仮説検定（母分散 σ^2 が未知）

母分散 σ^2 が未知のときの母平均 μ の検定を考えよう．ただし，有意水準を α とする．

1) **仮説を設定する：** μ_0 をある実数として，たとえば，

$$H_0 : \mu = \mu_0 \quad \text{vs.} \quad H_1 : \mu > \mu_0$$

とする．

2) **検定統計量の分布を求める：** 検定統計量として

$$T = \frac{\sqrt{n}\left(\overline{X} - \mu_0\right)}{\sqrt{{S_0}^2}} \tag{11.8}$$

を用いる．ここで，T は母分散が既知の場合の検定統計量 (11.4) において，σ_*^2 を**標本不偏分散**

$${S_0}^2 = \frac{1}{n-1}\sum_{i=1}^{n}\left(X_i - \overline{X}\right)^2 \tag{11.9}$$

で置き換えて得られる統計量である．T は H_0 のもとで自由度 $n-1$ の **t 分布**に従う．このことを $T \sim \mathrm{t}(n-1)$ で表記する（付録 A 参照）．

3) **判断ルールを定める：** H_0 のもとで $T \sim \mathrm{t}(n-1)$ であるから，判断ルールは

$$\begin{aligned} t > t_\alpha(n-1) &\Longrightarrow H_0 \text{ を棄却する} \\ t \le t_\alpha(n-1) &\Longrightarrow H_0 \text{ を棄却しない} \end{aligned} \tag{11.10}$$

で与えられる．ここで，$t_\alpha(n-1)$ は自由度 $n-1$ の t 分布の上側 α 点である．

4) **データから検定統計量の値を計算する：** 実際のデータ $(x_1, x_2, \ldots, x_n)$ を用いて，検定統計量 (11.8) の値

$$t = \frac{\sqrt{n}(\overline{x} - \mu_0)}{\sqrt{{s_0}^2}} \tag{11.11}$$

を計算する．ここで，t は標本平均値 $\overline{x}$，標本不偏分散値 ${s_0}^2 = \dfrac{1}{n-1}\displaystyle\sum_{i=1}^{n}(x_i - \overline{x})^2$ から計算される値である．

5) **結論を下す：** 値 (11.11) に対し，判断ルール (11.10) を適用し，結論を下す．

例題 11.2　次の表は，2020 年 9 月から 2022 年 8 月までの Apple の株価の月次変化率（単位%）の基本統計量をまとめたものである．

標本の大きさ	標本平均値	標本不偏分散値
$n = 24$	$\overline{x} = 2.07$	${s_0}^2 = 9.28^2$

（出典：https://finance.yahoo.com/）

Apple の株価の月次変化率は互いに独立に平均 μ，分散 σ^2 の正規分布に従うとして，有意水準 $\alpha = 0.05$ の検定

$$H_0 : \mu = 0 \quad \text{vs.} \quad H_1 : \mu > 0$$

を実施せよ．

解 題意より,

$$t = \frac{\sqrt{n}(\overline{x} - \mu_0)}{\sqrt{{s_0}^2}} = \frac{\sqrt{24}(2.07 - 0)}{\sqrt{9.28^2}} = 1.093$$

である. H_0 のもとで $T \sim \mathrm{t}(23)$ となり, 判断ルール (11.10) を用いて

$$t = 1.093 < 1.714 = t_{0.05}(23)$$

であるから, H_0 を棄却しない. □

11.3 母比率の仮説検定

本節では, 有意水準 α のベルヌーイ母集団 $\mathrm{Be}(p)$ の母比率 p に関する仮説検定について考える. n が十分大きいとき[※5]とそうでないときに場合分けして, 議論を進めよう.

11.3.1 n が十分大きくないとき

1) **仮説を設定する：** 実数 $p_0\,(0 < p_0 < 1)$ に対して, たとえば

$$H_0 : p = p_0 \quad \text{vs.} \quad H_1 : p > p_0 \tag{11.12}$$

を設定する.

2) **検定統計量の分布を求める：** ベルヌーイ母集団 $\mathrm{Be}(p)$ からの大きさ n の標本 $(X_1, X_2, \ldots, X_n)$ に対し, $Y_n = \sum_{i=1}^{n} X_i$ とすると, H_0 のもとで $Y_n \sim \mathrm{B}(n, p_0)$ である.

3) **判断ルールを定める：** $\Pr(Y_n \geq k) < \alpha$ を満足する自然数 k のうち最小の自然数を k_0 とすると, 判断ルールは

$$\begin{aligned} y_n \geq k_0 &\Longrightarrow H_0 \text{ を棄却する} \\ y_n < k_0 &\Longrightarrow H_0 \text{ を棄却しない} \end{aligned} \tag{11.13}$$

である. つまり, 棄却域は

$$\{k_0, k_0 + 1, \ldots, n\} \tag{11.14}$$

である.

※5 「二項分布を正規近似してよいとき」を意味する.

4) **検定統計量の値を計算する：** $y_n = \sum_{i=1}^{n} x_i$ を計算する．

5) **結論を下す：** 判断ルール (11.13) に基づき，結論を下す．

11.3.2 n が十分大きいとき

1) **仮説を設定する：** 実数 p_0 $(0 < p_0 < 1)$ に対して，たとえば，

$$H_0 : p = p_0 \quad \text{vs.} \quad H_1 : p > p_0 \tag{11.15}$$

を設定する．

2) **検定統計量の分布を求める：** n が十分大きいとき，中心極限定理 (9.6) より，H_0 のもとで $\hat{p} = \overline{X}$ の分布は

$$\hat{p} \sim \mathrm{N}\left(p_0, \frac{p_0(1-p_0)}{n}\right)$$

で近似できるので，$Z = \dfrac{\sqrt{n}(\hat{p} - p_0)}{\sqrt{p_0(1-p_0)}}$ とおくと $Z \sim \mathrm{N}(0,1)$ である．

3) **判断ルールを定める：** 判断ルールは

$$\begin{aligned} z > z_\alpha &\Longrightarrow H_0 \text{ を棄却する} \\ z \leq z_\alpha &\Longrightarrow H_0 \text{ を棄却しない} \end{aligned} \tag{11.16}$$

で与えられる．ここで，z_α は標準正規分布の上側 α 点である．

4) **検定統計量の値を計算する：** データ $(x_1, x_2, \ldots, x_n)$ に基づき，

$$z = \frac{\sqrt{n}(\overline{x} - p_0)}{\sqrt{p_0(1-p_0)}} \tag{11.17}$$

を計算する．

5) **結論を下す：** 判断ルール (11.16) に基づき，結論を下す．

注意 11.6 母平均の仮説検定の場合と同様に，

$$H_0 : p = p_0 \quad \text{vs.} \quad H_1 : p < p_0 \tag{11.18}$$

$$H_0 : p = p_0 \quad \text{vs.} \quad H_1 : p \neq p_0 \tag{11.19}$$

の型の検定もある．片側検定 (11.18) の判断ルールは，(11.17) を用いて

$$\begin{aligned} z < z_\alpha &\Longrightarrow H_0 \text{ を棄却する} \\ z \geq z_\alpha &\Longrightarrow H_0 \text{ を棄却しない} \end{aligned}$$

で与えられる．一方，両側検定 (11.19) の判断ルールは，

$$|z| > z_{\alpha/2} \Longrightarrow H_0 \text{ を棄却する}$$
$$|z| \leq z_{\alpha/2} \Longrightarrow H_0 \text{ を棄却しない}$$

で与えられる．

問 11.2 の解説

〔1〕 棄却域 (11.14) より，⑤である．

〔2〕 $Y \sim \mathrm{N}(50, 25)$ より，$Z = \dfrac{Y - 50}{5}$ とおくと，$Z \sim \mathrm{N}(0, 1)$ である．よって，棄却域は $\dfrac{y - 50}{5} > z_{0.05} = 1.64$，$y > 50 + 1.64 \cdot 5 = 58.2$．つまり，④である．

例題 11.3 某テレビ番組の視聴率は 20% であると言われている．真の視聴率を p $(0 < p < 1)$ として，有意水準 $\alpha = 0.05$ の検定

$$H_0 : p = 0.2 \quad \text{vs.} \quad H_1 : p \neq 0.2$$

を実施せよ．ただし，200 人を無作為に選んで調査したところ，その番組を見ている人は 30 人であった．

解 $\hat{p} = \dfrac{30}{200} = 0.15$ であるから，H_0 のもと $(p = 0.2)$ で

$$|z| = \left| \frac{\sqrt{n}(\hat{p} - p)}{\sqrt{p(1 - p)}} \right| = \left| \frac{\sqrt{200}(0.15 - 0.2)}{\sqrt{0.2 \cdot 0.8}} \right| = 1.77$$

である．両側検定の判断ルールより，

$$|z| = 1.77 < 1.96 = z_{0.025}$$

であるから，H_0 を棄却しない． □

演習問題

演習問題 A

1　ある養魚場でマスの養殖をしている．例年，ふ化してから 3 週間目の体長は，正規分布 $\mathrm{N}(\mu_0, \sigma^2)$ に従うという．ここで，$\mu_0 = 2.5$，$\sigma^2 = 0.2^2$（単位は cm）である．今年は，ふ化してから 3 週間目に，23 尾を抽出して測定したら，平均は 2.43 cm であった．発育状況は，例年どおりといえるか．有意水準 5% で

$$H_0 : \mu = 2.5 \quad \text{vs.} \quad H_1 : \mu < 2.5$$

を検定せよ．

2　ある養魚場でマスの養殖をしている．例年，ふ化してから 3 週間目の体長は，正規分布 $\mathrm{N}(\mu_0, \sigma^2)$ に従うという．ここで，$\mu_0 = 2.5$（単位は cm）であるが，σ^2 は未知である．今年は，ふ化してから 3 週間目に，23 尾を抽出して測定したら，平均は 2.43 cm で，標本不偏分散の値は 0.2^2 であった．発育状況は，例年どおりといえるか．有意水準 5% で

$$H_0 : \mu = 2.5 \quad \text{vs.} \quad H_1 : \mu < 2.5$$

を検定せよ．必要であれば，$t_{0.05}(22) = 1.72$ を用いてよい．

3　岡山山の上大学の学生のある事柄に対する意識調査のため，100 人の学生を無作為に抽出し，意見を聞いたところ，賛成 60 人，反対 40 人であった．この結果から，賛成の方が多いと判断してよいか．岡山山の上大学の全学生を母集団とし，母集団比率（賛成の学生の割合）を p とするとき，有意水準 5% で

$$H_0 : p = 0.5 \quad \text{vs.} \quad H_1 : p > 0.5$$

を検定せよ．

4　仮説検定について，次の I〜III の記述を考えた．

I.　有意水準とは「帰無仮説が真であるにもかかわらず，帰無仮説を棄却する確率の上限」を意味している．

II.　「帰無仮説を棄却しない」ということと「帰無仮説は真である」とは同じ意味である．

III.　$H_0 : \mu = 0$，$H_1 : \mu \neq 0$ の形の検定を片側検定という．

この I〜III の記述に関して，次の①〜⑥のうちから最も適切なものを一つ選べ．

① I のみ正しい　② II のみ正しい　③ III のみ正しい
④ I と II のみ正しい　⑤ I と III のみ正しい　⑥ II と III のみ正しい

演習問題 B

1　［2021 年 6 月実施　統計検定®3 級問 20 より］

次の表は，全国の 20 歳～69 歳の男女 1,000 人に，2020 年東京オリンピック開催についての賛否を聞いた結果をまとめたものである．

回答項目	割合 (%)
賛成	21.3
どちらかというと賛成	32.1
どちらかというと反対	11.8
反対	11.1
どちらでもない	23.7

資料：クロスマーケティング「2020 年東京オリンピックに関するアンケート（2017 年度版）」

この結果に基づき，全国の 20 歳～69 歳の人の賛成派（賛成またはどちらかというと賛成）の比率 p について仮説検定を行うこととした．帰無仮説と対立仮説は

$$帰無仮説：p = 0.5$$

$$対立仮説：p > 0.5$$

と設定する．この仮説に対する有意水準 5%の検定では，賛成派の人数が 526 人以上のとき帰無仮説を棄却する．今回の調査では 534 人が賛成派であった．このとき，得られる結論として，次の①～⑤のうちから最も適切なものを一つ選べ．

① 今回の調査では賛成派は 534 人であったので，帰無仮説は棄却されず，全国の 20 歳～69 歳の人の賛成派の比率は 5 割である．

② 今回の調査では賛成派は 534 人であったので，帰無仮説は棄却されず，全国の 20 歳～69 歳の人の賛成派は 500 人である．

③ 今回の調査では賛成派は 534 人であったので，帰無仮説は棄却され，全国の 20 歳～69 歳の人の賛成派の比率は 5 割である．

④ 今回の調査では賛成派は 534 人であったので，帰無仮説は棄却され，全国の 20 歳～69 歳の人の賛成派の比率は 5 割より高い．

⑤ 今回の調査では賛成派は 534 人であったので，帰無仮説は棄却され，全国の 20 歳～69 歳の人の賛成派は 526 人である．

付録 A　連続型分布の例

A.1　一様分布

確率変数 X が $(0,1)$ 上の一様分布に従うとは，その確率密度関数が

$$f(x) = \begin{cases} 1 & (0 < x < 1) \\ 0 & (\text{その他}) \end{cases}$$

であるときをいい，$X \sim \mathrm{U}(0,1)$ で表す．

X の平均，分散は，それぞれ

$$\mathrm{E}[X] = \frac{1}{2}, \quad \mathrm{V}[X] = \frac{1}{12}$$

である．

A.2　t 分布

$k \geq 1$ を自然数とする．確率変数 X が自由度 k の t 分布に従うとは，その確率密度関数が

$$f(x) = \frac{1}{k^{1/2}\mathrm{B}(k/2, 1/2)}\left(1 + \frac{x^2}{k}\right)^{-\frac{k+1}{2}} \quad (-\infty < x < \infty)$$

であるときをいい，$X \sim \mathrm{t}(k)$ で表す．ここで，$\mathrm{B}(a,b)$ はベータ関数

$$\mathrm{B}(a,b) = \int_0^1 x^{a-1}(1-x)^{b-1}\,dx$$

である．

自由度 k の t 分布の確率密度関数は，標準正規分布のそれに似て，左右対称なひと山分布であり，正規分布より裾が重い分布である．自由度 k を限

りなく大きくするとき，t 分布は限りなく標準正規分布に近づくことが知られている．図 A.1 において，$f(0)$ の値が小さい方から $k = 1, 5, \infty$ である．

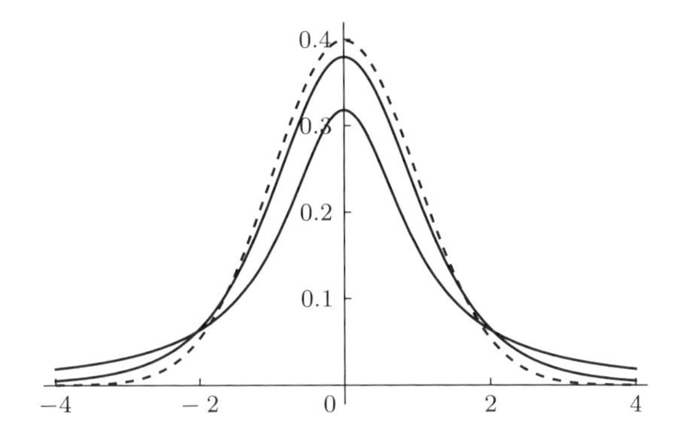

図 A.1　t 分布の確率密度関数

また，t 分布表も整備されており，$X \sim \mathrm{t}(k)$ のとき $0 < \alpha < 1$ に対し $\Pr(X > x) = \alpha$ を満足する x の値を求めることができる．この値を自由度 k の t 分布の上側 α 点といい，$t_\alpha(k)$ で表す．つまり，$\Pr(X > t_\alpha(k)) = \alpha$ である．これらの計算には，現在は R や Python などを用いるのが主流である．

付録B　質的な2変量データの関連性：クロス集計表の解析

B.1　クロス集計表の読み方

変量が質的な場合を考える．変量 A と B がそれぞれに I カテゴリ，J カテゴリをもつとするとき，$I \times J$ **クロス集計表**は表 B.1 の形式で表される．クロス集計表は分割表ともよばれる．

表 B.1　$I \times J$ のクロス集計表

	$B=1$	$\dots$	$B=j$	$\dots$	$B=J$	合計
$A=1$	f_{11}	$\dots$	f_{1j}	$\dots$	f_{1J}	f_{1+}
$\vdots$	$\vdots$	$\vdots$	$\vdots$	$\vdots$	$\vdots$	$\vdots$
$A=i$	f_{i1}	$\dots$	f_{ij}	$\dots$	f_{iJ}	f_{i+}
$\vdots$	$\vdots$	$\vdots$	$\vdots$	$\vdots$	$\vdots$	$\vdots$
$A=I$	f_{I1}	$\dots$	f_{Ij}	$\dots$	f_{IJ}	f_{I+}
合計	f_{+1}	$\dots$	f_{+j}	$\dots$	f_{+J}	n

ここで，f_{ij} は $A=i$ かつ $B=j$ の組合せで値をとる**セル度数**である．また，$A=i$ で B のカテゴリすべてについて合計をしたものを $f_{i+}=\sum_{j=1}^{J} f_{ij}$，$B=j$ で A のカテゴリすべてについて合計をしたものを $f_{+j}=\sum_{i=1}^{I} f_{ij}$ で表す．これらは周辺度数とよばれる．そして，$n=\sum_{i=1}^{I}\sum_{j=1}^{J} f_{ij}$ は総度数である．

データ解析において，クロス集計表のセル度数を割合に変換して用いることがある．この割合を**相対度数**といい，セル度数 f_{ij} を総度数 n で割った

$$p_{ij} = \frac{f_{ij}}{n}$$

により求める（表 B.2 参照）．周辺相対度数 p_{i+} と p_{+j} については，$p_{i+} = \sum_{j=1}^{J} p_{ij}$，$p_{+j} = \sum_{i=1}^{I} p_{ij}$ である．

表 B.2　$I \times J$ のクロス集計表（相対度数）

	$B=1$	$\ldots$	$B=j$	$\ldots$	$B=J$	合計
$A=1$	p_{11}	$\ldots$	p_{1j}	$\ldots$	p_{1J}	p_{1+}
$\vdots$	$\vdots$	$\vdots$	$\vdots$	$\vdots$	$\vdots$	$\vdots$
$A=i$	p_{i1}	$\ldots$	p_{ij}	$\ldots$	p_{iJ}	p_{i+}
$\vdots$	$\vdots$	$\vdots$	$\vdots$	$\vdots$	$\vdots$	$\vdots$
$A=I$	p_{I1}	$\ldots$	p_{Ij}	$\ldots$	p_{IJ}	p_{I+}
合計	p_{+1}	$\ldots$	p_{+j}	$\ldots$	p_{+J}	1

クロス集計表の行間または列間で比較をおこなうとき，行相対度数や列相対度数を計算することがある．行相対度数によるクロス集計表が表 B.3 であり，列相対度数によるものが表 B.4 である．行相対度数は $A=i$ における $B=j$ の割合であり，セル度数 f_{ij} をセル $A=i$ の周辺度数 f_{i+} で割った

$$p_{(i)j} = \frac{f_{ij}}{f_{i+}}$$

から求めることができる．一方，列相対度数は $B=j$ における $A=i$ の割合であり，セル度数 f_{ij} をセル $B=j$ の周辺度数 f_{+j} で割った

$$p_{i(j)} = \frac{f_{ij}}{f_{+j}}$$

である．

ある病気に対する薬剤（新薬，既存薬）の有効性（有効性あり，有効性なし）を 750 人の患者に対して調査したとき，表 B.5 の 2×2 のクロス集計表が得られたとする．表 B.1 との対応は，薬剤が A，有効性が B である．

表 B.3　$I \times J$ のクロス集計表（行相対度数）

	$B=1$	$\ldots$	$B=j$	$\ldots$	$B=J$	合計
$A=1$	$p_{(1)1}$	$\cdots$	$p_{(1)j}$	$\cdots$	$p_{(1)J}$	1
$\vdots$	$\vdots$	$\vdots$	$\vdots$	$\vdots$	$\vdots$	$\vdots$
$A=i$	$p_{(i)1}$	$\cdots$	$p_{(i)j}$	$\cdots$	$p_{(i)J}$	1
$\vdots$	$\vdots$	$\vdots$	$\vdots$	$\vdots$	$\vdots$	$\vdots$
$A=I$	$p_{(I)1}$	$\cdots$	$p_{(I)j}$	$\cdots$	$p_{(I)J}$	1

表 B.4　$I \times J$ のクロス集計表（列相対度数）

	$B=1$	$\ldots$	$B=j$	$\ldots$	$B=J$
$A=1$	$p_{1(1)}$	$\cdots$	$p_{1(j)}$	$\cdots$	$p_{1(J)}$
$\vdots$	$\vdots$	$\vdots$	$\vdots$	$\vdots$	$\vdots$
$A=i$	$p_{i(1)}$	$\cdots$	$p_{i(j)}$	$\cdots$	$p_{i(J)}$
$\vdots$	$\vdots$	$\vdots$	$\vdots$	$\vdots$	$\vdots$
$A=I$	$p_{I(1)}$	$\cdots$	$p_{I(j)}$	$\cdots$	$p_{I(J)}$
合計	1	$\ldots$	1	$\ldots$	1

表 B.5　薬剤と有効性の 2×2 のクロス集計表

	有効性あり $(B=1)$	有効性なし $(B=2)$	合計
新薬　$(A=1)$	100	50	150
既存薬　$(A=2)$	200	400	600
合計	300	450	750

この表より，新薬を使ったのは 150 $(=f_{1+})$ 人であり，新薬で有効性があったのは 100 $(=f_{11})$ 人であることがわかる．

このようなクロス集計表が与えられたとき，興味があるのは「薬剤と有効性」の関係である．たとえば，「新薬と既存薬の有効性の違い」に興味があり，この表が新薬と既存薬を投与するグループに分けて有効性を調査した結果であるとする．このとき，「新薬かつ有効性あり」の度数 $f_{11}=100$ と「既存薬かつ有効性があり」の度数 $f_{21}=200$ を比較して，既存薬の方が有効性があったという結論にならない．これは，薬剤についての周辺度数が

違う ($f_{1+} = 150$，$f_{2+} = 600$) ため，直接比較できないからである．この場合，2 つの薬剤の有効性を比較するために，行相対度数による比較が必要である．表 B.6 は表 B.5 から行相対度数を計算したものである．この表の行相対度数を比較すると，$p_{(1)1} = 0.67$，$p_{(2)1} = 0.33$ であり，新薬の方が既存薬より約 2 倍高い有効性があったことがわかる．

表 B.6　薬剤と有効性の 2 × 2 のクロス集計表（行相対度数）

	有効性あり	有効性なし	合計
新薬	0.67	0.33	1.00
既存薬	0.33	0.67	1.00

一方，薬剤の有効性に着目して，有効性があった 300 人に対して，新薬と既存薬の有効性を比較することはできない．つまり，表 B.7 の列相対度数から比較することに意味はない．

表 B.7　薬剤と有効性の 2 × 2 のクロス集計表（列相対度数）

	有効性あり	有効性なし
新薬	0.33	0.11
既存薬	0.67	0.89
合計	1.00	1.00

これは，薬剤を「原因」，その有効性を「結果」としてデータの収集をしているためである．このように，どのような仮説（目的）のもとでデータを収集したのかに注意し，それにあった集計をおこなうことで結果を検証する必要がある．

B.2　2 変量データの連関性

2 変量の質的データの解析においても，変量間の関連性に注目する．量的変量ではこの関連性は相関であるが，質的変量では**連関**とよぶ．連関を示す尺度に**オッズ比**がある．表 B.8 の 2 × 2 分割表が与えられたとき，オッズ比 (O) は次の式で定義される：

表 B.8　2×2 のクロス集計表

	$B=1$	$B=2$	合計
$A=1$	f_{11}	f_{12}	f_{1+}
$A=2$	f_{21}	f_{22}	f_{2+}
合計	f_{+1}	f_{+2}	n

$$O = \frac{f_{11}f_{22}}{f_{12}f_{21}}$$

2 つの変量間に連関がないとき，$O = 1$ となる．また，強い連関があるとき，度数は対角セル (f_{11}, f_{22}) または非対角セル (f_{12}, f_{21}) のどちらかに集中する．

オッズ比に関連する尺度して，ユールの Q 係数 (Q) がある．この係数は次の式で定義される：

$$Q = \frac{f_{11}f_{22} - f_{12}f_{21}}{f_{11}f_{22} + f_{12}f_{21}} = \frac{O-1}{O+1}$$

オッズ比が 0 から ∞ の範囲の値をとるのに対して，Q 係数は

$$-1 \leq Q \leq 1$$

であり，連関の強さをこの範囲内で評価することができる．そして，相関と同様に $|Q|$ が 1 に近いときに強い連関があり，0 のときに連関はない．係数の分子 $f_{11}f_{22} - f_{12}f_{21}$ に注目する．度数が対角セルに集中するとき正の強い連関，非対角セルに集中するとき負の強い連関を示すことがわかる．

クロス集計表の周辺度数 f_{1+}，f_{2+}，f_{+1}，f_{+2} を固定したもとで，Q が 1 または -1 になる場合を考える．このとき，$Q = 1$ となるのは，$f_{21}f_{12} = 0$ のときであり，少なくとも $f_{12} = 0$ または $f_{21} = 0$ である．一方，$Q = -1$ となるのは，少なくとも $f_{11} = 0$ または $f_{22} = 0$ である．

性別（男，女）とある商品の購入（有，無）について，表 B.9 のクロス集計表が得られたとする．

表 B.9 性別と購入の 2×2 のクロス集計表

	購入有り	購入無	合計
男	150	50	200
女	100	200	300
合計	250	250	500

このとき,

$$O = \frac{150 \times 200}{50 \times 100} = 6$$

であり，連関があることがわかる．Q 係数を計算すると,

$$Q = \frac{150 \times 200 - 50 \times 100}{150 \times 200 + 50 \times 100} = 0.714$$

となり，強い正の連関を示す.

最後に, 表 B.9 の周辺度数 ($f_{1+} = 200$, $f_{2+} = 300$, $f_{+1} = 250$, $f_{+2} = 250$) を固定したとき，ユールの Q 係数が 1 または -1 になるときのクロス集計表を表 B.10 に示す．表 B.10 のセル度数の配置に近づくほど，変量間には強い連関があることになる．また，性別と商品の購入に連関がない ($O = 1$, $Q = 0$) とき，クロス集計表は表 B.11 となる．このとき,「性別は商品の購入と連関はない（独立である)」といい，これをクロス集計表の統計的仮説検定では帰無仮説として適合度検定（χ^2 検定）をおこなう.

表 B.10 性別と購入の 2×2 のクロス集計表

$Q = 1$

	購入有り	購入無	合計
男	200	0	200
女	50	250	300
合計	250	250	500

$Q = -1$

	購入有り	購入無	合計
男	0	200	200
女	250	50	300
合計	250	250	500

表 B.11 性別と購入の 2×2 のクロス集計表 ($O = 1$, $Q = 0$)

	購入有り	購入無	合計
男	100	100	200
女	150	150	300
合計	250	250	500

付録C　時系列データの解析

C.1 時系列データ

時系列データは，時間とともに観測されるデータである．時系列データとしてよく知られたものに，企業の株価や GDP（国内総生産）がある．データを観測する時点により，日単位の日次データ，月単位の月次データ，1 年間を 4 つの期間に分けた四半期データ，そして，年単位の年次データがある．

時系列データの分析目的として，

- データの変化のパターンを時点から探ること，
- データの変化を相対評価すること，
- データの構成要素で分解し解析すること，
- データの時点間の関連性をみること

等がある．

C.2 時系列プロット

時間とともに観測されたデータがどのように推移したかを視覚的に確認するためのグラフが**時系列プロット**である．時系列プロットは，横軸に時間，縦軸に分析対象のデータを割り当てて作成する折れ線グラフである．このグラフから，時間系列に沿ってデータの変動（パターン）を分析する．図 C.1 は，日本政府観光局がおこなっているビジットジャパン事業が開始された 2003 年 4 月から 2022 年 7 月までの月別の訪日外客数の時系列プロットであり，視覚的に訪日外客数の推移をみることができる．

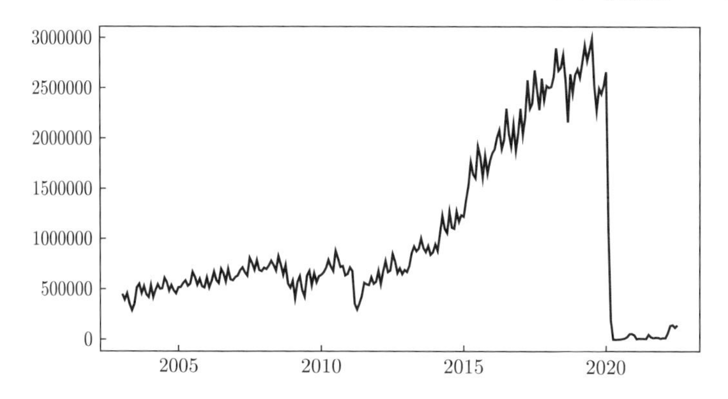

図 C.1　月別の訪日外客数（データ：日本政府観光局調査による訪日外客数）

C.3　指数化

時系列データにおいて，異なる時点での観測値を比較するために指数が利用される．指数は，ある時点 t_0 を基準とした観測値と比較する時点 t の観測値の比率で定義される：

$$\text{基準点 } t_0 \text{ に対する比較時点 } t \text{ の指数} = \frac{\text{時点 } t \text{ の観測値}}{\text{時点 } t_0 \text{ の観測値}} \times 100$$

指数を用いることで，データの変化を相対的に評価することが容易になり，これを時系列プロットすることでその変化を視覚的に捉えることができる．

図 C.2 は，2015 年 1 月を基準とした月別での訪日外客数の指数である．基準とした 2015 年 1 月より，中国からの個人観光客に対するビザの発行要件が大幅に緩和された．ここを境界として，訪日外客数が大幅に増加していることがわかる．

C.4　時系列データの分解

時系列データを変動成分に分解し，モデル化することを考える．対象となる時系列データを原系列といい，観測値を O と書くことにする．このとき，O を次の変動に分解する：

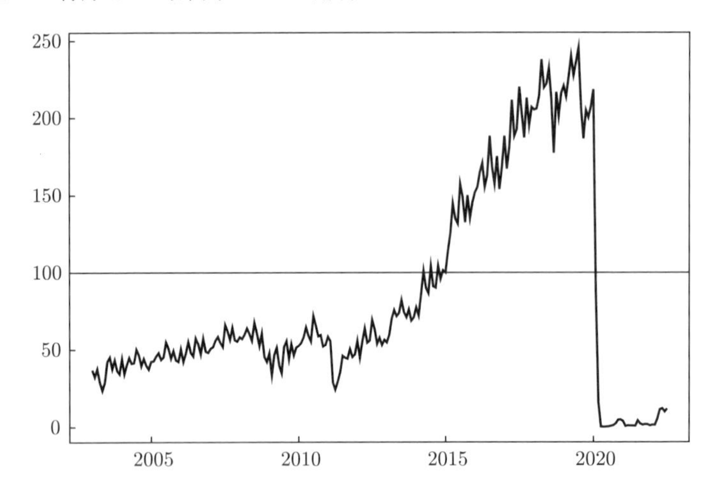

図 C.2　2015 年 1 月を基準とした月別の訪日外客数

- **傾向変動** (Trend component: T)
- **循環変動** (Cyclic component: C)
- **季節変動** (Seasonal component: S)
- **誤差変動** (Irregular component: I)

傾向変動 T は，長期にわたる持続的変化（上昇傾向または下降傾向）であり，トレンドとよばれる．循環変動 C は，トレンドまわりで上下に循環的に変動する動きであり，循環の周期は定まっていないが 1 年以外のものである．これに対して，1 年の周期で規則的に変動するものが季節変動 S である．誤差変動 I は，これら 3 つの変動では分類できない変動である．これら 4 つの変動を $TCSI$ 系列という．

時点 t $(t = 1, \ldots, T)$ の原系列の値 O_t に対する $TCSI$ 系列によるモデルとして，加法モデルと乗法モデルがある．加法モデルでは，$TCSI$ 系列の和により O_t をモデル化する：

$$O_t = T_t + C_t + S_t + I_t$$

それに対して，乗法モデルでは，$TCSI$ 系列の積により O_t をモデル化する：

$$O_t = T_t \times C_t \times S_t \times I_t$$

傾向変動 T_t の計算には，移動平均法や最小二乗法等を用いることができる．ここでは，移動平均法を説明する．原系列 $\{O_t\}_{t=1,\ldots,T}$ が与えられたとする．このとき，T_k は，時点 t の k 時点前から k 時点後までの $2k+1$ 個のデータ

$$O_{t-k}, \ldots, O_{t-1}, O_t, O_{t+1}, \ldots, O_{t+k}$$

を用い，

$$T_t = \frac{1}{2k+1} \sum_{i=t-k}^{t+k} O_i \tag{C.1}$$

により求める．式 (C.1) による移動平均は，時点の個数が $2k+1$ であるため，$(2k+1)$ 項移動平均という．たとえば，3 項移動平均 $(k=1)$ は

$$T_2 = \frac{O_1 + O_2 + O_3}{3},\ T_3 = \frac{O_2 + O_3 + O_4}{3}, \cdots$$

となる．一般に，K 項移動平均を用いると，周期 K で循環する成分の影響を除去することができる．季節変動 S_t は，1 年を周期とするため，月あるいは四半期ごとに得られる時系列を変動の対象とする．一定の周期をもった変動には期別平均法を用いることができる．誤差変動 I_t は，加法モデルでは $I_t = O_t - (T_t + C_t + S_t)$，乗法モデルでは $I_t = O_t/(T_t \times C_t \times S_t)$ から求めることができる．

ある項目についての 10 年間の月次データが得られたとする：

$$\begin{array}{cc} & \begin{array}{cccc} 1\text{ 月} & 2\text{ 月} & \cdots & 12\text{ 月} \end{array} \\ \begin{array}{c} 1\text{ 年目} \\ 2\text{ 年目} \\ \vdots \\ 10\text{ 年目} \end{array} & \begin{pmatrix} O_1 & O_2 & \cdots & O_{12} \\ O_{13} & O_{14} & \cdots & O_{24} \\ \vdots & \vdots & \vdots & \vdots \\ O_{109} & O_{110} & \cdots & O_{120} \end{pmatrix} \end{array}$$

このデータに加法モデルを仮定し，T_t と S_t を求めることを考える．このとき，傾向変動 T_t は，指定されたラグ k からの移動平均 (C.1) により求めることができる．季節変動 S_t は，期別平均法により得ることができる．この平均法を用いると，j $(j = 1, \ldots, 12)$ 月の季節変動 S_{12i+j} $(i = 0, \ldots, 9)$ は

$$S_{12i+j} = \frac{1}{10} \sum_{l=0}^{9} O_{12l+j}$$

となる．

図 C.3 と図 C.4 は，加法モデルおよび乗法モデルにより時系列データを分解したものであり，統計ソフトウェア R の関数 `decompose` を用いて描いた．この関数では，傾向変動のなかに循環変動を含めている．また，`random` は誤差変動を示す．

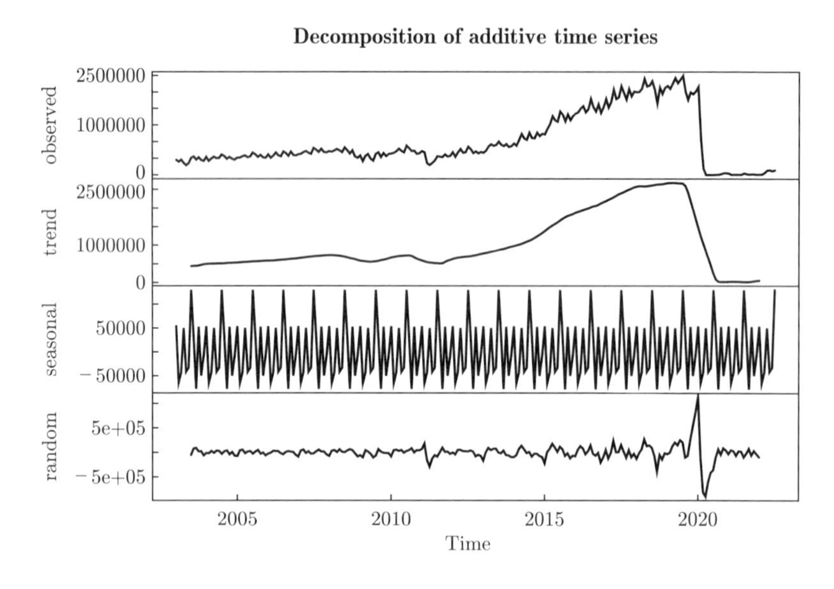

図 C.3　加法モデルによる時系列データの分解

C.5　自己相関係数

時系列データには周期が存在しているため，時点間の関連性も重要である．そこで，2 変量のデータ解析と同様に，時点間での関連性の強さを数値により測ることを考える．時系列データでは，原系列 $\{O_t\}_{t=1,\ldots,T}$ と時点を h ずらした系列 $\{O_{t+h}\}_{t=1,\ldots,T-h}$ を変量として相関係数を求める．時系列データの分析では，その相関係数を**自己相関係数**という．2 つの時点 t と $t+h$ の自己共分散 γ_h を

$$\gamma_h = \frac{1}{T}\sum_{t=1}^{T-h}(O_t - \overline{O})(O_{t+h} - \overline{O})$$

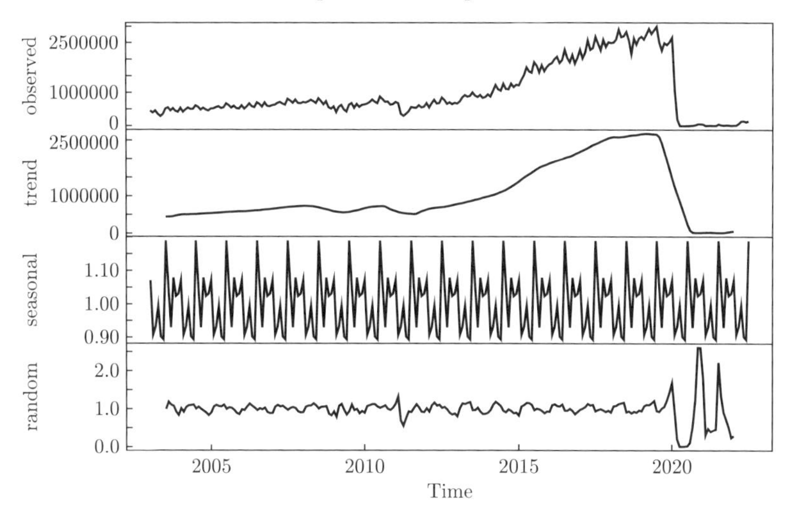

図 C.4 乗法モデルによる時系列データの分解

で計算する．これより，自己相関係数 r_h は次の式で求めることができる：

$$r_h = \frac{\gamma_h}{{\gamma_0}^2} \tag{C.2}$$

ここで，

$$\overline{O} = \frac{1}{T}\sum_{t=1}^{T} O_t, \qquad {\gamma_0}^2 = \frac{1}{T}\sum_{t=1}^{T}(O_t - \overline{O})^2$$

であり，$\{O_t\}_{t=1,\ldots,T}$ の平均と分散（$h = 0$ の自己共分散）である．式 (C.2) が示すように，O_t の平均と分散は時点 t に依存しないこと，そして，O_t と O_{t+h} の自己共分散においても時点 t に依存しないことを仮定している．また，h はラグ (Lag) とよばれ，時間の遅れ（時点間の距離）を表し，r_h は時点 $t+h$ における時点 t の関連度の強さを示す．

横軸をラグ h，縦軸を r_h としたグラフを**コレログラム**とよぶ．図 C.5 は月別の訪日外客数データのコレログラムであり，`R` の関数 `acf` を用いて描いた．

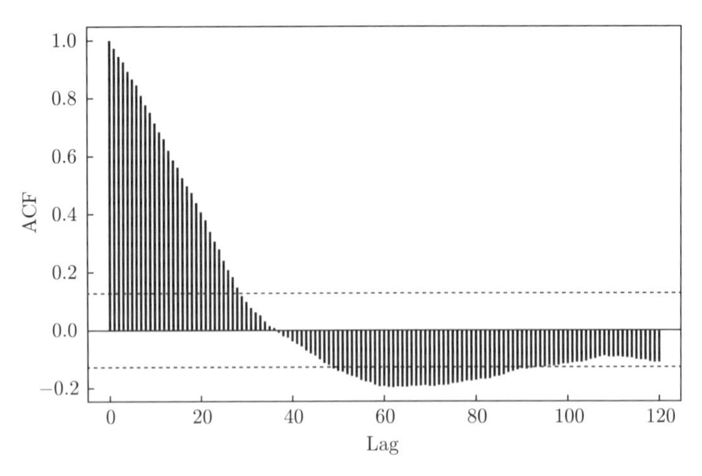

図 C.5　コレログラム

付録D　基本的な数学記号

D.1　和の記号

統計学では，データ $x_1, x_2, \ldots, x_n$ に対し，

$$x_1 + x_2 + \cdots + x_n,$$
$${x_1}^2 + {x_2}^2 + \cdots + {x_n}^2,$$
$$(x_1 - a)^2 + (x_2 - a)^2 + \cdots + (x_n - a)^2 \quad (a\text{ は定数})$$

などの総和を考えることが多い．そのため，和を表すための便利な表記法を用いる．それが Σ（総和，シグマ）記法である．

Σ 記法では，$x_1 + x_2 + \cdots + x_n$ を $\displaystyle\sum_{i=1}^{n} x_i$ で表す．すなわち，

$$\sum_{i=1}^{n} x_i = x_1 + x_2 + \cdots + x_n$$

である．Σ の右にある x_i で和を取るべき変数を示す．そして，添え字 i が動く範囲を Σ の下端と上端で示す．下端 $i = 1$ が添え字 i の始点が 1 であることを，上端の n で i の終点が n であることを表現している．一例を示すと

$$\sum_{i=1}^{n} {x_i}^2 = {x_1}^2 + {x_2}^2 + \cdots + {x_n}^2,$$
$$\sum_{i=1}^{n} (x_i - a)^2 = (x_1 - a)^2 + (x_2 - a)^2 + \cdots + (x_n - a)^2$$

である．

Σ に関する以下の性質は基本的である．

- $\displaystyle\sum_{i=1}^{n} a = na$　(a は定数),

- $\displaystyle\sum_{i=1}^{n}(ax_i) = a\sum_{i=1}^{n}x_i,$
- $\displaystyle\sum_{i=1}^{n}(x_i + y_i) = \sum_{i=1}^{n}x_i + \sum_{i=1}^{n}y_i.$

総和記号およびその性質を用いると，$\displaystyle {s_x}^2 = \frac{1}{n}\sum_{i=1}^{n}(x_i - \overline{x})^2$ が

$$
\begin{aligned}
{s_x}^2 &= \frac{1}{n}\sum_{i=1}^{n}\left({x_i}^2 - 2\overline{x}x_i + \overline{x}^2\right) = \frac{1}{n}\left\{\sum_{i=1}^{n}{x_i}^2 - 2\overline{x}\sum_{i=1}^{n}x_i + n\overline{x}^2\right\} \\
&= \frac{1}{n}\sum_{i=1}^{n}{x_i}^2 - \overline{x}^2
\end{aligned}
$$

となることなども簡潔に表現できる．

D.2　階乗，順列，組合せ

n の**階乗** $n!$ は，1 から n までの整数をすべて掛け合わせたもの，すなわち，

$$n! = n \cdot (n-1) \cdot \cdots \cdot 2 \cdot 1$$

である．n が 0 のときは $0! = 1$ と定める．1 から n まで番号が振られている n 枚のカードを 1 列に並べるとき，異なる並べ方は $n!$ 通りとなる．一般に，この n 枚のカードのなかから k 枚を取り出して 1 列に並べる並べ方のことを**順列**という．異なる順列の総数は $n \cdot (n-1) \cdot \cdots \cdot (n-k+1)$ 通りとなる．この個数を ${}_n\mathrm{P}_k$ と表記する．階乗の記号を使って表すと，

$${}_n\mathrm{P}_k = n \cdot (n-1) \cdot \cdots \cdot (n-k+1) = \frac{n!}{(n-k)!}$$

である．順列の並び順を入れ替えても“同じ”と見なしたものが**組合せ**である．たとえば，$n = 5$，$k = 3$ の場合，$(1, 3, 4)$ と $(3, 1, 4)$ は順列としては異なるが，組合せとして見ると同じである．異なる組合せの総数を ${}_n\mathrm{C}_k$ と表記すると，

$${}_n\mathrm{C}_k = \frac{{}_n\mathrm{P}_k}{k!} = \frac{n!}{(n-k)!\,k!}$$

である．たとえば，${}_5\mathrm{C}_3 = 5!/(2!\,3!) = 20$ と計算できる．組合せの数 ${}_n\mathrm{C}_k$ は $\binom{n}{k}$ とも表され，**二項係数**とよばれることが多い．これは，二項定理の名で知られる展開公式，

$$(a+b)^n = \sum_{k=0}^{n} {}_n\mathrm{C}_k\, a^k\, b^{n-k} = \sum_{k=0}^{n} \binom{n}{k} a^k\, b^{n-k}$$

の係数に ${}_n\mathrm{C}_k$ が現れることによる．これより，$0 < p < 1$ に対して，$q = 1-p$ とおくと

$$1 = 1^n = (p+q)^n = \sum_{k=0}^{n} {}_n\mathrm{C}_k\, p^k\, q^{n-k}$$

である．これは二項分布 $\mathrm{B}(n,p)$ の確率関数の和が 1 であることを示している．

D.3　ネイピアの数と円周率

ネイピアの数（自然対数の底）e は，次の無限級数の和で定義される定数である．

$$e = \sum_{n=0}^{\infty} \frac{1}{n!} = 1 + \frac{1}{1!} + \frac{1}{2!} + \frac{1}{3!} + \cdots = 2.71828\cdots.$$

また，円周率 $3.14\cdots$ は π で表す．正規分布の確率密度関数の記述において，これらの定数が現れる．

演習問題の解答と解説

第1章

演習問題 A

1

〔1〕 （ア） ⑤ （イ） ④ （ウ） ①，③ （エ） ②，⑥

①は間隔に意味はあるが，比例関係は成り立たず，0 も相対的なものなので，間隔尺度（ウ）である．③も同じ．②は比例関係が成り立ち，0 は絶対零点を示すので，比例尺度（エ）である．⑥も同じ．④は「とても好き」，「少し好き」，… のように順序をもっているので，順序尺度（イ）である．⑤は番号となっていても単に場所に割り当てたコードなので，名義尺度（ア）である．

〔2〕 （オ） ①，②，③，④，⑥

名義尺度以外は，すべて順序を比較できる．

（カ） ②，⑥

比例関係を考察できるのは，比例尺度のデータのみである．

2 （ア） ⑤ （イ） ③ （ウ） ① （エ） ② （オ） ④

1.2.2 項の各グラフの説明で確認のこと．

演習問題 B

1 データの種類に関する問題である．

I の日付と II の品目は名義尺度で，III の料金と IV のポイントは比例尺度であるから，量的変数は III と IV になる．I が名義尺度なのは，曜日まで入っており，その日を他の日と区別するコードとしての役目をもっているからである．

したがって，正解は ③ となる．

2 グラフの特性に関する問題である．

I. 政治・選挙へ関心がある人の割合は，新聞閲読者では上の帯グラフから 69.1%，新聞非閲読者では下の帯グラフから 38.5%で，割合としては，新聞閲読者の方が高い．したがって，I は正しい．

II. 新聞非閲読者のうち政治・選挙へ関心がない人の割合は，下の帯グラフから 58.6%であるので，これを新聞非閲読者の回答者数 794 人にかけると 465.284 人となる．したがって，306 人としている II は間違っている．

III. 新聞閲読者で関心のない人の割合は 29.2%なので，回答者数 2,989 人にかけると 872.788 人となる．上の 465.284 人より多いので，III は間違っている．

よって，正解は ① である．

第2章

演習問題 A

1

〔1〕

階級 以上		未満	度数	累積度数	相対度数 (%)	累積相対度数 (%)
28.5	～	29.5	1	1	3.1	3.1
29.5	～	30.5	2	3	6.3	9.4
30.5	～	31.5	5	8	15.6	25.0
31.5	～	32.5	4	12	12.5	37.5
32.5	～	33.5	7	19	21.9	59.4
33.5	～	34.5	7	26	21.9	81.3
34.5	～	35.5	4	30	12.5	93.8
35.5	～	36.5	2	32	6.3	100.0
合計			32	—	100.0	—

〔2〕 ③ 度数分布表より年最高気温が 29.5 ℃ 以上 32.5 ℃ 未満の年は $2+5+4=11$ 年ある．

④ 32.5 ℃ 以上 33.5 ℃ 未満の階級の度数は 7 であり，33.5 ℃ 以上 34.5 ℃ 未満の階級の度数は 7 であるので，32.5 ℃ 以上 34.5 ℃ 未満である年は全体の約 44% $(81.3-37.5=0.438)$ である．

⑤ 年最高気温が 33 ℃ 以上の年が半数以上であることは，〔1〕の度数分布表からは読み取れない．（データを見ると年最高気温 33 ℃ 以上の年は 15 年間あり，これは半数以下であることがわかる．）

正解は⑤である．

2

〔1〕 (ア) に当てはまる数値を x とおく．相対度数分布表より，

$$7.63+8.53+8.49+11.19+13.24+12.51+x+13.37+8.29+2.28+0.09=100\,(\%)$$

したがって，$x=14.38$ である．正解は③である．

〔2〕 ① 19 歳以下の人口の割合について，A 地区は $7.74+8.03=15.77\%$，B 地区は $7.63+8.53=16.16\%$，C 地区は $8.56+9.74=18.30\%$ である．したがって，19 歳以下の人口の割合が最も大きいのは，C 地区である．

② A 地区において，人口割合が最も大きい階級は，40〜49 歳である．

③ 3 地区のなかで，0〜9 歳までの人口の割合が最も大きいのは，C 地区であるが，その人口が最も多いか否かはこの表からは読み取れない．

④ 各階級の最小の値を階級値に採用して，C 地区における相対度数分布表から平均値を計算すると，約 41.9 歳である．同様に，各階級の最大の値を階級値に採用して平均値を求めると，約 $(41.9+9=)$ 50.9 歳である．よって，C 地区に住む人の年齢の平均値は，41.9 歳以上 50.9 歳以下の間の値である．度数分布表から平均値を算出する方法については，第 3 章を参照せよ．

⑤ A 地区の 20〜59 歳の人の割合は，$12.53+14.44+17.05+13.01=57.03\%$ である．

正解は ⑤である．

演習問題 B

1

〔1〕 A 高校に在学している生徒で家庭学習時間が 2 時間未満であると答えた生徒の数は $6+70=76$ である．その割合は，$76/144 \fallingdotseq 0.53$ である．よって，正解は⑤である．

〔2〕 I. A 高校と B 高校で家庭学習の時間が 1 時間以上 2 時間未満の生徒の割合は，それぞれ $70/144 \fallingdotseq 0.49$, $41/63 \fallingdotseq 0.65$ である．よって，この記述は正しくない．

II. A 高校と B 高校で家庭学習の時間が 1 時間未満の生徒の割合は，それぞれ $6/144 \fallingdotseq 0.04$, $5/63 \fallingdotseq 0.08$ である．よって，この記述は正しい．

III. A 高校と B 高校を合わせたデータについて，家庭学習の時間が 8 時間以上の生徒の割合は，$(13+2)/207 \fallingdotseq 0.07$ である．一方で，A 高校の家庭学習の時間が 8 時間以上の生徒の割合は，$(12+2)/144 \fallingdotseq 0.10$ である．したがって，この記述は正しい．

以上により，正解は④である．

2

〔1〕 （イ）に当てはまる数値を z とおく．度数分布表より，2008 年における貯蓄額が 2000 万円以上の世帯は，全体の

$$5.3+3.8+4.7+z=13.8+z\ (\%)$$

である．一方で，問題文中の「2008 年における貯蓄額が 2000 万円以上の世帯は，全体の 19.6% であった.」より，$13.8+z=19.6$ が成り立つ．これを解くと，$z=5.8$ である．正解は ③である．

〔2〕 中央値とは，与えられたデータにおいてデータの値を昇順に並べたときに，ちょうど真ん中 (50%) に位置する値である．詳しくは第 3 章を参照せよ．度

数分布表から累積相対度数を考えると，階級 (G) では，約 49.1(%)，階級 (H) では，約 53.3(%) となる．したがって，中央値は階級 (H) に含まれるので，正解は ①である．

〔3〕 度数分布表から累積相対度数を考えると，2015 年における貯蓄額が 1200 万円未満の世帯は，全体の 65.8(%) であり，同年の貯蓄額が 1400 万円未満の世帯は，全体の 70.4(%) である．よって，x のとりうる値の範囲は，$65.8 \leq x \leq 70.4$ である．したがって x の 1 の位を四捨五入すると，70 となる．正解は ⑤である．

第 3 章

演習問題 A

1 代表値に関する問題である．

I. 平均値の定義より，$a = \dfrac{1}{n}\sum_{i=1}^{n} x_i$ なので，$na = \sum_{i=1}^{n} x_i$．このとき，データ値 a を元データに加えた場合の平均値は，$\dfrac{1}{n+1}\left(\sum_{i=1}^{n} x_i + a\right) = \dfrac{1}{n+1}(na+a) = \dfrac{a(n+1)}{n+1} = a$．よって，この記述は正しい．

II. 中央値は，データ数が奇数か偶数かで求め方が異なる．データが，$x_{(1)} \leq x_{(2)} \leq \cdots \leq x_{(n)}$ と並んでいるとする．このとき，データ b を加えた際，元のデータ数が奇数の場合，$\cdots x_{(\frac{n+1}{2}-1)}, b, b, x_{(\frac{n+1}{2}+1)} \cdots$ となり，中央値は b となる．元のデータ数が偶数の場合，$\cdots x_{(\frac{n}{2}-1)}, b, x_{(\frac{n}{2}+1)} \cdots$ となり，中央値は b となる．よって，この記述は正しい．

III. 最頻値が c であるということは，既にデータ値 c のデータが最も多く存在しているので，さらに値が c のデータを加えても，c が最も多いデータ値であることは変わらない．よって，この記述は正しい．

以上より，⑦が解となる．

2 度数分布表とヒストグラムの問題である．

〔1〕 度数分布表における度数と相対度数の関係，相対度数 $= \dfrac{\text{度数}}{\text{度数の合計}} \times 100(\%)$ より，

1. $\dfrac{4}{50} \times 100 = 8.0(\%)$ より，③が解となる．
2. $50 \times \dfrac{12}{100} = 6$ より，⑧が解となる．

3. 度数の合計と他の度数は, わかっているので $50-(7+4+14+11+7+6)=1$ より, ⑤が解となる.

4. $\frac{1}{50}\times 100 = 2.0(\%)$ より, ①が解となる.

5. 相対度数の合計は, 常に100% であるので, ④が解となる.

〔2〕 度数分布表から, 最大度数が14であることより, ②ではない. 次に, 階級700〜850の度数が7であることより, ④でもない. さらに階級1300〜1450および1450〜1600の度数がそれぞれ, 7, 6であることより, ①も違う. この結果, ③が解となる.

〔3〕 I. 年間降水量の最大値は, 最も大きい階級である1600〜1750の度数が1であることより, 最大値は1600 mm以上1750 mm未満の間にあることがわかる. しかしながら, その値が1650 mm以下であるかどうかまでは, 度数分布表からは読み取れない. よって, この記述は正しくない.

II. 年間降水量の累積相対度数を計算すると, 階級850〜1000の累積相対度数が22.0%となる. このため, 年間降水量が1000 mm未満の年が20%以上あることがわかる. よって, この記述は正しい.

III. データ数が50なので, 25番目と26番目のデータの平均値が中央値となる. いま, 度数分布表から, 25番目のデータは階級1000〜1150, 26番目のデータは階級1150〜1300に属していることが読み取れる.
よって, この場合, それら2つの階級の階級値の平均値から, 1150 mm $\left(=\frac{1075+1225}{2}\right)$ と中央値が求まる. ゆえに, この記述は正しくない.

以上より, ②が解となる.

演習問題 B

1 代表値に関する問題である.

〔1〕 I. データ数は力士38人と偶数なので, 中央値の値 x_{me} は, 勝ち数を昇順に並べて, n 番目のデータを $x_{(n)}$ とすれば, $x_{\mathrm{me}}=\frac{x_{(19)}+x_{(20)}}{2}=\frac{7+7}{2}=7$ となり, 正しくない.

II. 勝ち星の最小は2勝であり, 正しくない.

III. 勝ち数の最頻値は人数が9人と最も多い7勝であるので, 正しい.

以上より, 正解は ③ である.

〔2〕 平均値は, $\frac{15\times 0+14\times 1+13\times 1+\cdots+2\times 1+1\times 0+0\times 0}{38}\fallingdotseq 7.7$ である. よって, 正解は ⑤ である.

2 幹葉図に関する問題である. 幹葉図では, 幹（十の位）と葉（一の位）の組合せで, すべてのデータが昇順にリストアップされている.

〔1〕 各行の一の位だけを見た場合，9 が 3 つ並んでいる箇所が最頻で，その行の十の位は 5 であることから，59（十の位 5，一の位 9）が最頻値と読み取れ，正解は ⑤ である．

〔2〕 20 日間のデータなので，中央値はデータを昇順に並べた際の 10 $(= \frac{20}{2})$ 番目と 11 $(= \frac{20}{2} + 1)$ 番目の平均値となる．よって，幹葉図から，10 番目のデータ値 54 cm，11 番目のデータ値 55 cm が読み取れ，54.5 $(= \frac{54+55}{2})$ が中央値となり，正解は ① である．

第 4 章

演習問題 A

1 範囲および四分位範囲の計算と使い方に関する問題である．

〔1〕 S_1 の範囲 $= 254.4 - 245.2 = 9.2$，S_2 の範囲 $= 253.2 - 247.5 = 5.7$．S_1 の四分位範囲 $= 251.9 - 247.6 = 4.3$，S_2 の四分位範囲 $= 252.1 - 248.7 = 3.4$．

〔2〕 範囲で見ても四分位範囲で見ても S_1 より S_2 の方が値が小さい．よって，S_2 の方が散らばりが小さく，安定してドリンクを供給しているといえる．

2 箱ひげ図と外れ値の関係に関する問題である．箱ひげ図において，箱を真ん中にすえた長さ 4 IQR（= 箱 4 つ分）の範囲を描き，箱ひげ図がその範囲に収まらなければ外れ値をもつ．その範囲を定規などを使って問題の箱ひげ図上に描いてみればよい．正解は ③ と ⑤ である．

演習問題 B

1 標準偏差，偏差値および変換によるこれらの変化に関する問題である．

〔1〕 A さんの理科の偏差値は，

$$50 + 10 \times \frac{\text{A さんの理科の点数} - \text{理科の平均値}}{\text{理科の標準偏差}} = 50 + 10 \times \frac{78 - 66.0}{16.0} = 57.5.$$

よって，正解は ④ である．

〔2〕 理科と数学の偏差値が同じなので，

$$50 + 10 \times \frac{\text{A さんの数学の点数} - \text{数学の平均値}}{\text{数学の標準偏差}} = 50 + 10 \times \frac{69 - 60.0}{s} = 57.5$$

となる．よって，$s = 10 \times (69 - 60.0)/(57.5 - 50) = 12.0$ となり，正解は ② である．

〔3〕 中央値は定義から 1.1 倍されることがわかる．平均値，標準偏差も (4.1) より，1.1 倍されることがわかる．（A さんに限らず）変更後の偏差値は，

$$50 + 10 \times \frac{1.1\,x_i - 1.1\,\overline{x}}{1.1\,s} = 50 + 10 \times \frac{x_i - \overline{x}}{s}$$

となり，変更前の偏差値と同じになる．よって，正解は ④ である．

2 ヒストグラムを箱ひげ図に変換したり，ヒストグラムからわかることを読み取る問題である．

〔1〕 ヒストグラムから，最小値が約 200，第 1 四分位数が約 400，中央値が約 500，第 3 四分位数が約 600，最大値が約 1100 であることが読み取れる．よって，正解は ② である．

〔2〕 I について．ヒストグラムより，過半数以上の都道府県（24 都道府県）が 500 件以上であることがわかる．よって，I の記述は正しい．II について．第 3 四分位数は 800 より大きくないので II の記述は正しくない．III について．ヒストグラムより，最小値は 200 以上，最大値は 1100 以下であることがわかるので，範囲は 900 以下である．よって，III の記述は正しくない．正解は ① である．

第 5 章

演習問題 A

1 100 人の数学と国語の点数を $(x_1, y_1), \ldots, (x_{100}, y_{100})$ で表すことにする．このとき，数学の平均 $\overline{x}$ と英語の平均 $\overline{y}$ は

$$\overline{x} = \frac{1}{100}\sum_{i=1}^{100} x_i = 70, \quad \overline{y} = \frac{1}{100}\sum_{i=1}^{100} y_i = 60$$

であり，数学の標準偏差 s_x と英語の標準偏差 s_y，数学と英語の共分散 s_{xy} は

$$s_x = \sqrt{\frac{1}{100}\sum_{i=1}^{100}(x_i - \overline{x})^2} = 5, \quad s_y = \sqrt{\frac{1}{100}\sum_{i=1}^{100}(y_i - \overline{y})^2} = 10,$$

$$s_{xy} = \frac{1}{100}\sum_{i=1}^{100}(x_i - \overline{x})(y_i - \overline{y}) = 25$$

である．

〔1〕 数学と英語の相関係数は

$$r_{xy} = \frac{s_{xy}}{s_x s_y} = \frac{25}{5 \times 10} = 0.5$$

である．

〔2〕 数学の点数を 200 点満点に換算したとき，数学と英語の共分散は

$$\frac{1}{100}\sum_{i=1}^{100}(2x_i - 2\overline{x})(y_i - \overline{y}) = \frac{1}{100}\sum_{i=1}^{100} 2(x_i - \overline{x})(y_i - \overline{y}) = 2 \times s_{xy}$$

$$= 50$$

である．

〔3〕 i 番目の数学と英語の点数 x_i と y_i を標準化するとき，その値 u_i と v_i は

$$u_i = \frac{x_i - 70}{5}, \qquad v_i = \frac{y_i - 60}{10}$$

となる．$\overline{u} = 0, \overline{v} = 0, s_u = 1, s_v = 1$ であり，共分散は

$$\begin{aligned} s_{uv} &= \frac{1}{100}\sum_{i=1}^{100}(u_i - \overline{u})(v_i - \overline{v}) = \frac{1}{100}\sum_{i=1}^{100} u_i v_i \\ &= \frac{1}{100}\sum_{i=1}^{100}\left(\frac{x_i - 70}{5}\right)\left(\frac{y_i - 60}{10}\right) \\ &= \frac{1}{5 \times 10}\left(\frac{1}{100}\sum_{i=1}^{100}(x_i - 70)(y_i - 60)\right) = \frac{s_{xy}}{50} = 0.5 \end{aligned}$$

である．したがって，標準化した数学と英語の相関係数は

$$r_{uv} = \frac{s_{uv}}{s_u s_v} = s_{uv} = 0.5$$

である．よって，$r_{uv} = r_{xy}$ であり，x と y の相関係数と u と v の相関係数は等しい．

演習問題 B

1

〔1〕 散布図の見方に関する問題であり，正解は ③ である．

① 散布図のデータ点が右肩下がりに配置されているので，年平均気温と年間雪日数には関連がある（負の相関関係にある）．

② 年平均気温が下がれば年間雪日数が増加する傾向があるとき，散布図のデータ点は右肩下がりに配置され，負の相関関係を示すことになる．

③ 正しい．

④ この散布図は 2016 年度のデータからのものであり，近年の状況を読み取ることはできない．

⑤ この散布図から，年平均気温が下がれば，1 日当たりの降雪量が増加する傾向があるとはいえない．

〔2〕 相関に関する問題であり，正解は ① である．

相関関係の強さを考えると，$|r_1| < |r_2|$ である．また，散布図より，負の相関関係であることがわかり，2 つの相関係数はともに負の値となる．よって，$r_1 > r_2$ となる．

第 6 章

演習問題 A

1 「垂直飛び」では 10.0836 cm，「50 m 走」では 80.376 cm 伸びる．回帰直線のあてはまりが良いのは「50 m 走」．

それぞれの回帰係数より，「垂直飛び」が 1 cm 高く跳べると 10.0836 cm，「50 m 走」が 1 秒速くなると 80.376 cm，「走り幅跳び」の記録が伸びることがわかる（1 秒速くなるとは，x_2 の値が 1 減った場合であることに注意）.

回帰直線のあてはまりは，決定係数 R^2 の値が大きいので，「50 m 走」の方がよい.

2

〔1〕 12 月の平均気温：説明変数（または独立変数）
梅の開花日：目的変数（または従属変数，被説明変数）

「12 月の平均気温」で「梅の開花日」を説明することが目的なので，前者が説明変数，後者が目的変数である.

〔2〕 2 月 19 日

まず，「12 月の平均気温」を x，「梅の開花日」を y として，x で y を予測する回帰式を作る．x と y の相関係数とそれぞれの標準偏差が右の表にあるので，$\hat{\beta} = r_{xy}\dfrac{s_y}{s_x}$ を使って，回帰係数 $\hat{\beta}$ を求めると，$\hat{\beta} = -0.801 \times \dfrac{7.609}{1.115} \fallingdotseq -5.466$ となる．定数項 $\hat{\alpha}$ は $\hat{\alpha} = 6.1 - (-5.466 \times 6.77) \fallingdotseq 43.105$ となり，回帰式は，$\hat{y} = 43.105 - 5.466x$ となる．この式の x に，2022 年の 12 月の平均気温 5.9 を代入すると，$\hat{y} \fallingdotseq 10.856$ が得られるので，梅の開花は 2 月 8 日の 11 日後，すなわち，2 月 19 日と予測される.

〔3〕 I. ○　II. ×　III. ×

I. 回帰係数が -5.466 であるので，約 5.5 日短くなる.

II. 2015 年の $(5.5, 4)$ は，現在の直線から最も離れた点であるので，これを除くと，あてはまりは良くなる．散布図を描いて確かめるとよい.

III. データに直線をあてはめた場合，その直線は必ずしもデータ点を通るわけではない．たとえば，図 6.2 を見るとわかる．したがって，たまたま予測に使う x の値が元のデータのなかにあっても，それに対応する y の値を回帰による予測値としてはいけない．実際，〔2〕の回帰式に $x = 6.5$ をあてはめると $y = 7.576$ となり，8 日後と予測される.

演習問題 B

1 回帰分析による予測に関する問題である.

身長を x，気管チューブの内径を y とする．$\overline{x} = 110$，$\overline{y} = 5.5$，$s_x = 22$，$s_y = 1.0$，$r_{xy} = 0.94$ であるから，回帰係数は $\hat{\beta} = r_{xy}\dfrac{s_y}{s_x} = 0.94 \times \dfrac{1.0}{22} \fallingdotseq 0.0427$，定数項は $\hat{\alpha} = \overline{y} - \hat{\beta}\overline{x} = 5.5 - 0.0427 \times 110 \fallingdotseq 0.803$ となる．これより，回帰式を $y = 0.803 + 0.0427x$ として，この x に 122 を代入すると，y は 6.0124 となるので，正解は ④ である.

2 回帰分析の解釈に関する問題である.

I. 2000 円は直線が保証される x の範囲を大きく逸脱しているので，正しくない.

II. 700 円は x の範囲に入っており，計算も正しいので，これは正しい.

III.　y から x を求めているので，これは，やってはいけない．したがって，正しくない．

よって，正解は ② である．

第7章

演習問題 A

1　確率の計算の問題である．

〔1〕　A は偶数が出る事象なので 2, 4, 6 の 3 通りなので，$\Pr(A) = \dfrac{1}{2}$ であるから **1** は④が正解である．同様に考えて **2** は③，**3** は③が正解である．

$A \cap B$ は偶数かつ 3 の倍数が出る，つまり，6 の倍数のときである．したがって 6 の場合のみなので，$\Pr(A \cap B) = \dfrac{1}{6}$ であるから **4** は②が正解である．$A \cup B$ は偶数または 3 の倍数が出る，つまり，2, 3, 4, 6 の場合のみなので，$\Pr(A \cup B) = \dfrac{2}{3}$ であるから **5** は⑤が正解である．同様に考えて **6** は②，**7** は②が正解である．

〔2〕

$$\Pr(A)\Pr(B) = \frac{1}{2} \cdot \frac{1}{3} = \frac{1}{6}$$

なので，〔1〕の $\Pr(A \cap B)$ と等しいので A と B は独立である．

$$\Pr(A)\Pr(C) = \frac{1}{2} \cdot \frac{1}{3} = \frac{1}{6}, \quad \Pr(B)\Pr(C) = \frac{1}{3} \cdot \frac{1}{3} = \frac{1}{9}$$

なので，同様に〔1〕の計算と比較すれば A と C は独立だが，B と C は独立でないことがわかる．したがって，④が正解である．

2　1 回目に白を取り出す事象を A，2 回目に白を取り出す事象を B とする．

〔1〕　$\Pr(A)$ である．5 個のボールから 2 個の白のボールを取り出す確率なので $\dfrac{2}{5}$ であるから⑤が正解である．

〔2〕　$\Pr(B|A)$ である．1 回目が白であったので，そのボールは戻さないので，4 個のボールから 1 個の白のボールを取り出す確率なので $\dfrac{1}{4}$ であるから④が正解である．

〔3〕　全確率の定理から

$$\Pr(B) = \Pr(A)\Pr(B\,|\,A) + \Pr(\overline{A})\Pr(B\,|\,\overline{A})$$

である．〔1〕，〔2〕と同様に考えて $\Pr(\overline{A})=\dfrac{3}{5}$，$\Pr(B\,|\,\overline{A})=\dfrac{2}{5}$ を利用して，

$$\Pr(B)=\frac{2}{5}\cdot\frac{1}{4}+\frac{3}{5}\cdot\frac{2}{5}=\frac{17}{50}$$

であるから④が正解である．

3

$$\Pr(A\,|\,B)=\frac{\Pr(B\,|\,A)\Pr(A)}{\Pr(B\,|\,A)\Pr(A)+\Pr(B\,|\,\overline{A})\Pr(\overline{A})}=\frac{\dfrac{3}{100}\cdot\dfrac{7}{10}}{\dfrac{3}{100}\cdot\dfrac{7}{10}+\dfrac{1}{100}\cdot\dfrac{3}{10}}=\frac{7}{8}.$$

演習問題 B

1 確率の計算の問題である．コインを投げた結果が表である事象を A，裏である事象を B，得られた数字が素数である事象を C とする．

A が起こったとき，素数になるのは $a=1$ のときであるから $\Pr(C\,|\,A)=\dfrac{1}{6}$ である．B が起こったとき，素数になるのは $a=1,2,3,5,6$ のときであるから $\Pr(C\,|\,B)=\dfrac{5}{6}$ である．ここで，A と B は排反であり，$A\cup B=U$ (全事象) であることから，全確率の定理を利用する．

$$\Pr(C)=\Pr(C\,|\,A)\Pr(A)+\Pr(C\,|\,B)\Pr(B)=\frac{1}{6}\cdot\frac{1}{2}+\frac{5}{6}\cdot\frac{1}{2}=\frac{1}{2}$$

より，正解は③である．

第8章

演習問題 A

1

〔1〕 $\Pr(X\geq 500)$ は当たった額が 500 円以上である確率なので，500 円または 1000 円が当たる確率に等しい．したがって $\Pr(X\geq 500)=\dfrac{1}{10}$ であるから④が正解である．

〔2〕
$$\begin{aligned}\mathrm{E}[X]&=1000\cdot\Pr(X=1000)+500\cdot\Pr(X=500)\\&\quad+100\cdot\Pr(X=100)+0\cdot\Pr(X=0)\\&=1000\cdot\frac{1}{30}+500\cdot\frac{2}{30}+100\cdot\frac{10}{30}+0\cdot\frac{17}{30}=100\end{aligned}$$

であるから③が正解である．

〔3〕
$$\begin{aligned}\mathrm{E}\left[X^2\right]&=1000^2\cdot\Pr(X=1000)+500^2\cdot\Pr(X=500)\\&\quad+100^2\cdot\Pr(X=100)+0^2\cdot\Pr(X=0)\\&=1000000\cdot\frac{1}{30}+250000\cdot\frac{2}{30}+10000\cdot\frac{10}{30}+0\cdot\frac{17}{30}=\frac{160000}{3}\end{aligned}$$

であるから

$$V[X] = E\left[X^2\right] - (E[X])^2 = \frac{160000}{3} - 100^2 = \frac{130000}{3}$$

となるから，④が正解である．

2　欲しいキャラクターが出てくる確率が $10\% = \dfrac{1}{10}$ であり，100 回おこなうので，X の分布は二項分布 $B\left(100, \dfrac{1}{10}\right)$ である．したがって，**[1]** は④，**[2]** は③が正解である．

このことから

$$E[X] = 100 \cdot \frac{1}{10} = 10,\ V[X] = 100 \cdot \frac{1}{10} \cdot \left(1 - \frac{1}{10}\right) = 9$$

なので，**[3]** は③，**[4]** は⑥が正解である．

$n = 100$ は十分に大きいので，この二項分布は正規分布 $N\left(100 \cdot \dfrac{1}{10}, 100 \cdot \dfrac{1}{10} \cdot \left(1 - \dfrac{1}{10}\right)\right)$，つまり $N(10, 9)$ で近似できる．したがって，**[5]** は③，**[6]** は⑥が正解である．

$$\begin{aligned} \Pr(X \leq 5) &= \Pr\left(\frac{X - 10}{\sqrt{9}} \leq \frac{5 - 10}{\sqrt{9}}\right) \\ &= \Pr\left(Z \leq -\frac{5}{3}\right) = \Pr(Z \leq -1.67) = 1 - 0.9525 = 0.0475 \end{aligned}$$

なので，**[7]** は②，**[8]** は②が正解である．

演習問題 B

1　二項分布の問題である．

〔1〕 問題より**ア**は③ $B(100, 0.5)$ が正解なので，平均と分散は計算でき，平均**イウ**は 50，分散は 25 となるから，標準偏差**エ**は 5 となる．

〔2〕 二項分布の正規近似を用いることで**オ**は②であり，母比率を 0.4 とするとき，二項分布が $B(100, 0.4)$ となることを用いて確率を求めると**カ**は②であることがわかる．

第 9 章

演習問題 A

1

〔1〕 式 (9.3) より，$Z = \dfrac{\sqrt{16}\left(\overline{X} - 50\right)}{10}$ とおくと $Z \sim N(0, 1)$ である．よって，

$$\Pr\left(\overline{X} \geq 55\right) = \Pr\left(\frac{\sqrt{16}\left(\overline{X} - 50\right)}{10} \geq \frac{\sqrt{16}(55 - 50)}{10}\right) = \Pr(Z \geq 2) = 0.0228.$$

〔2〕

$$\Pr\left(\overline{X} \geq 55\right) = \Pr\left(\frac{\sqrt{n}\left(\overline{X}-50\right)}{10} \geq \frac{\sqrt{n}(55-50)}{10}\right) = \Pr\left(Z \geq \frac{\sqrt{n}}{2}\right) \leq 0.05$$

を満足するには $\frac{\sqrt{n}}{2} \geq 1.64$ でなければならない．よって，$n \geq 11$.

2

〔1〕 $n=100$ が十分大きいので，$Z = \frac{\sqrt{100}\,(\overline{X}-0.5)}{0.5}$ とおくと $Z \sim \mathrm{N}(0,1)$ と考えてよい．よって，

$$\Pr(\overline{X} \geq 0.6) = \Pr\left(Z \geq \frac{\sqrt{100}\,(0.6-0.5)}{0.5}\right) = 0.228.$$

〔2〕 $\Pr(\overline{X} \geq 0.6) = \Pr\left(Z \geq \frac{\sqrt{n}\,(0.6-0.5)}{0.5}\right) \leq 0.05$ となるには $\frac{\sqrt{n}\,(0.6-0.5)}{0.5}$ ≥ 1.64 でなければならない．よって，$n \geq 68$.

演習問題 B

1 標本平均の分布に関する問題であり，正解は ② である．

① 標本平均は確率的に変動するので，必ずしも μ に近い値をとるとは限らない．σ^2 が大きければ，μ から外れた値をとることもある．

② (9.4) より，正しい．

③ (9.5) より，σ^2/n である．

④ 標本平均の分布は，n が十分大きければ，中心極限定理により，正規分布で近似できる．しかしながら，そうでなければ，必ずしも正規分布で近似できるとは限らない．

⑤ (9.5) より，n に依存する．

2 標本比率の分布に関する問題である．

〔1〕 問題文中の「不良品の割合は 5% である」から，母比率 p は $p=0.05$ であることがわかる．よって，$\mu = \mathrm{E}[\hat{p}] = p = 0.05$ である．正解は ③ である．

〔2〕 $\sigma = \sqrt{\mathrm{V}[\hat{p}]} = \sqrt{\frac{p(1-p)}{n}} = \sqrt{\frac{0.05 \cdot 0.95}{100}} = 0.0218$ であるから，正解は ② である．

〔3〕 (9.9) より，$\frac{\hat{p}-\mu}{\sigma}$ が標準正規分布に従うことから，$\Pr\left(\left|\frac{\hat{p}-\mu}{\sigma}\right| < 1.96\right) =$ 0.95 である．標準正規分布の対称性より，$\Pr\left(\frac{\hat{p}-\mu}{\sigma} \geq 1.96\right) = 0.025$ である．よって，正解は ② である．

第10章

演習問題 A

1 標本の大きさは $n = 100$，標本平均 $\overline{x} = 55$ より，μ の信頼係数 95% の信頼区間の下側信頼限界と上側信頼限界は，$z_{0.025} = 1.96$ より，

$$L = 55 - 1.96 \times \sqrt{\frac{400}{100}} = 51.08, \quad U = 55 + 1.96 \times \sqrt{\frac{400}{100}} = 58.92$$

となり，信頼区間

$$[51.1,\ 58.9]$$

を得る．

2 母集団分布を母比率 p をもつベルヌーイ分布と仮定してよい．標本比率は $\overline{x} = 20/100 = 0.20$ より，p の信頼係数 95% の信頼区間の下側信頼限界と上側信頼限界は

$$L = 0.20 - 1.96 \times \sqrt{\frac{0.20 \times 0.80}{100}} = 0.1216,$$

$$U = 0.20 + 1.96 \times \sqrt{\frac{0.20 \times 0.80}{100}} = 0.2784$$

となり，信頼区間

$$[0.122,\ 0.278]$$

を得る．

3 母比率 p の信頼係数 95% の信頼区間の下側信頼限界と上側信頼限界は，標本の大きさを n，標本比率を $\overline{x}$ で表すとき，

$$L = \overline{x} - 1.96\sqrt{\frac{\overline{x}(1-\overline{x})}{n}}, \quad U = \overline{x} + 1.96\sqrt{\frac{\overline{x}(1-\overline{x})}{n}}$$

である．したがって，信頼区間の幅 d は

$$d = U - L = 2 \times 1.96\sqrt{\frac{\overline{x}(1-\overline{x})}{n}}$$

となる．いま．$d \leq 0.05$ であるので，

$$2 \times 1.96\sqrt{\frac{\overline{x}(1-\overline{x})}{n}} \leq \frac{1.96}{\sqrt{n}} \leq 0.05$$

となり，n について解くと

$$n \geq \left(\frac{1.96}{0.05}\right)^2 = 1536.64$$

を得る．よって，n として 1537 以上必要である．

演習問題 B

1 信頼区間の幅と標本の大きさに関する問題であり，正解は ② である．

データ $(x_1, \ldots, x_n)$ から計算される標本平均を $\overline{x}$ とすると，母平均 μ の信頼係数 $100 \times (1-\alpha)\%$ の信頼区間 $[L, U]$ は，

$$[L, U] = \left[\overline{x} - z_{\alpha/2}\frac{\sigma}{\sqrt{n}},\ \overline{x} + z_{\alpha/2}\frac{\sigma}{\sqrt{n}}\right]$$

となる．これより，信頼区間の幅 d は，

$$d = U - L = 2 \times z_{\alpha/2}\frac{\sigma}{\sqrt{n}}$$

で与えられる．

I. 信頼係数 95% $(\alpha = 0.05)$ のとき $z_{\alpha/2} = z_{0.025} = 1.96$ であり，信頼度 99% $(\alpha = 0.01)$ のときは $z_{0.005} = 2.575$ である．よって，信頼区間の幅について，

$$2 \times z_{0.025}\frac{\sigma}{\sqrt{n}} < 2 \times z_{0.005}\frac{\sigma}{\sqrt{n}}$$

となるので，誤り．

II. n を 10 から 50 に増やすと，信頼区間の幅は

$$2 \times z_{0.025}\frac{\sigma}{\sqrt{10}} > 2 \times z_{0.025}\frac{\sigma}{\sqrt{50}}$$

となるので，正しい．

III. 見た目が小さいあんパンだけ 10 個集めても，必ず標本平均 $\overline{x}$ が小さくなることは保証されないので，誤り．

第 11 章

演習問題 A

1 母分散が既知 $(\sigma^2 = 0.2^2)$ の場合の母平均 μ の検定である．検定統計量は $Z = \dfrac{\sqrt{n}(\overline{X} - \mu)}{0.2}$ であり，H_0 のもと（つまり，$\mu = 2.5$）で $Z \sim \mathrm{N}(0,1)$ である．題意より，$n = 23$, $\overline{x} = 2.43$ であるから，

$$z = \frac{\sqrt{23}(2.43 - 2.5)}{0.2} = -1.68 < -1.64 = -z_{0.05}$$

である．よって，H_0 を棄却する．

2 母分散が未知の場合の母平均 μ の検定である．検定統計量は $T = \dfrac{\sqrt{n}(\overline{X} - \mu)}{\sqrt{{S_0}^2}}$ であり，$n = 23$ であるから，H_0 のもと（つまり，$\mu = 2.5$）で $T \sim \mathrm{t}(22)$ である．このとき，自由度 22 の t 分布の上側 0.05 点は $t_{0.05}(22) = 1.72$ である．また，$\overline{x} = 2.43$, ${s_0}^2 = 0.2^2$ であるから，

$$t = \frac{\sqrt{23}(2.43 - 2.5)}{0.2} = -1.68 > -1.72 = -t_{0.05}(22)$$

である．よって，H_0 を棄却しない．

3　母比率 p の検定である．検定統計量は $Z = \dfrac{\sqrt{n}(\overline{X} - p)}{\sqrt{p(1-p)}}$ であり，$n = 100$ が十分大きいので，H_0 のもとで $Z \sim \mathrm{N}(0, 1)$ であると考えてよい．題意より，$\overline{x} = 0.6$ であるから，

$$z = \frac{\sqrt{100}(0.6 - 0.5)}{0.5} = 2 > 1.64 = z_{0.05}$$

である．よって，H_0 を棄却する．

4　母平均の仮説検定に関する問題であり，正解は ① である．

本問は母平均の仮説検定に関する用語に関しての設問である．

I.　有意水準の定義を述べており，これは正しい．

II.　これは誤り．帰無仮説を棄却しないからといって，帰無仮説が真であるとは限らない．

III.　これは誤り．両側検定である．(11.3) を参照せよ．

演習問題 B

1　母比率の検定に関する問題であり，正解は ④ である．

本問は母比率に関する有意水準 5% の片側検定問題を取り扱っている．標本比率を $\hat{p}$ とするとき判断ルールは，c をある実数として

$$\hat{p} > c \Longrightarrow H_0 \text{ を棄却する}$$

の形で与えられる．$n = 1000$ が十分大きいから，帰無仮説 $p = 0.5$ のもとで $\dfrac{\sqrt{n}(\hat{p} - p)}{\sqrt{p(1-p)}}$ は標準正規分布に従うと考えてよい．標準正規分布表より $\Pr\left(\dfrac{\sqrt{n}(\hat{p} - p)}{\sqrt{p(1-p)}} > 1.64\right) = 0.05$ であるから，括弧内を変形して，判断ルールは

$$\hat{p} > \frac{1.64\sqrt{p(1-p)}}{\sqrt{n}} + p = \frac{1.64\sqrt{0.5(1-0.5)}}{\sqrt{1000}} + 0.5 = 0.5259$$

である．つまり，賛成の人数が 526 人以上のとき，帰無仮説を棄却し，対立仮説を採択する．

今回の調査では，賛成派は 534 人であったので，帰無仮説は棄却され，対立仮説が採択される．なお，対立仮説 $p > 0.5$ は，全国の 20〜69 歳の人の賛成派の比率が 5 割より高いことを意味する．以上より，正解は ④ である．

付表　標準正規分布の上側確率

$$\Pr(Z \geq z) = \int_z^{\infty} \phi(t)\,dt, \quad \phi(t) = \frac{1}{\sqrt{2\pi}} e^{-\frac{t^2}{2}}$$

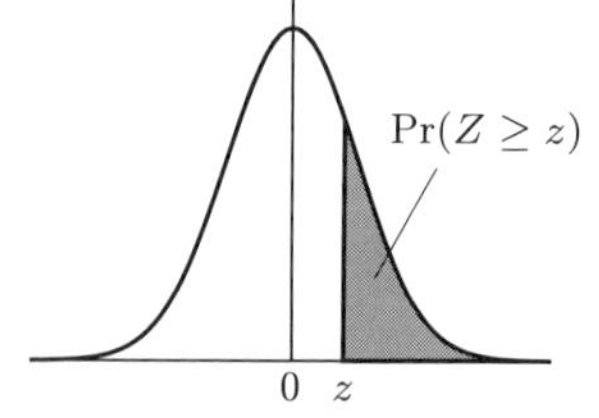

z	0.00	0.01	0.02	0.03	0.04	0.05	0.06	0.07	0.08	0.09
0.0	0.5000	0.4960	0.4920	0.4880	0.4840	0.4801	0.4761	0.4721	0.4681	0.4641
0.1	0.4602	0.4562	0.4522	0.4483	0.4443	0.4404	0.4364	0.4325	0.4286	0.4247
0.2	0.4207	0.4168	0.4129	0.4090	0.4052	0.4013	0.3974	0.3936	0.3897	0.3859
0.3	0.3821	0.3783	0.3745	0.3707	0.3669	0.3632	0.3594	0.3557	0.3520	0.3483
0.4	0.3446	0.3409	0.3372	0.3336	0.3300	0.3264	0.3228	0.3192	0.3156	0.3121
0.5	0.3085	0.3050	0.3015	0.2981	0.2946	0.2912	0.2877	0.2843	0.2810	0.2776
0.6	0.2743	0.2709	0.2676	0.2643	0.2611	0.2578	0.2546	0.2514	0.2483	0.2451
0.7	0.2420	0.2389	0.2358	0.2327	0.2297	0.2266	0.2236	0.2206	0.2177	0.2148
0.8	0.2119	0.2090	0.2061	0.2033	0.2005	0.1977	0.1949	0.1922	0.1894	0.1867
0.9	0.1841	0.1814	0.1788	0.1762	0.1736	0.1711	0.1685	0.1660	0.1635	0.1611
1.0	0.1587	0.1562	0.1539	0.1515	0.1492	0.1469	0.1446	0.1423	0.1401	0.1379
1.1	0.1357	0.1335	0.1314	0.1292	0.1271	0.1251	0.1230	0.1210	0.1190	0.1170
1.2	0.1151	0.1131	0.1112	0.1093	0.1075	0.1056	0.1038	0.1020	0.1003	0.0985
1.3	0.0968	0.0951	0.0934	0.0918	0.0901	0.0885	0.0869	0.0853	0.0838	0.0823
1.4	0.0808	0.0793	0.0778	0.0764	0.0749	0.0735	0.0721	0.0708	0.0694	0.0681
1.5	0.0668	0.0655	0.0643	0.0630	0.0618	0.0606	0.0594	0.0582	0.0571	0.0559
1.6	0.0548	0.0537	0.0526	0.0516	0.0505	0.0495	0.0485	0.0475	0.0465	0.0455
1.7	0.0446	0.0436	0.0427	0.0418	0.0409	0.0401	0.0392	0.0384	0.0375	0.0367
1.8	0.0359	0.0351	0.0344	0.0336	0.0329	0.0322	0.0314	0.0307	0.0301	0.0294
1.9	0.0287	0.0281	0.0274	0.0268	0.0262	0.0256	0.0250	0.0244	0.0239	0.0233
2.0	0.0228	0.0222	0.0217	0.0212	0.0207	0.0202	0.0197	0.0192	0.0188	0.0183
2.1	0.0179	0.0174	0.0170	0.0166	0.0162	0.0158	0.0154	0.0150	0.0146	0.0143
2.2	0.0139	0.0136	0.0132	0.0129	0.0125	0.0122	0.0119	0.0116	0.0113	0.0110
2.3	0.0107	0.0104	0.0102	0.0099	0.0096	0.0094	0.0091	0.0089	0.0087	0.0084
2.4	0.0082	0.0080	0.0078	0.0075	0.0073	0.0071	0.0069	0.0068	0.0066	0.0064
2.5	0.0062	0.0060	0.0059	0.0057	0.0055	0.0054	0.0052	0.0051	0.0049	0.0048
2.6	0.0047	0.0045	0.0044	0.0043	0.0041	0.0040	0.0039	0.0038	0.0037	0.0036
2.7	0.0035	0.0034	0.0033	0.0032	0.0031	0.0030	0.0029	0.0028	0.0027	0.0026
2.8	0.0026	0.0025	0.0024	0.0023	0.0023	0.0022	0.0021	0.0021	0.0020	0.0019
2.9	0.0019	0.0018	0.0018	0.0017	0.0016	0.0016	0.0015	0.0015	0.0014	0.0014
3.0	0.0013	0.0013	0.0013	0.0012	0.0012	0.0011	0.0011	0.0011	0.0010	0.0010
3.1	0.0010	0.0009	0.0009	0.0009	0.0008	0.0008	0.0008	0.0008	0.0007	0.0007
3.2	0.0007	0.0007	0.0006	0.0006	0.0006	0.0006	0.0006	0.0005	0.0005	0.0005
3.3	0.0005	0.0005	0.0005	0.0004	0.0004	0.0004	0.0004	0.0004	0.0004	0.0003
3.4	0.0003	0.0003	0.0003	0.0003	0.0003	0.0003	0.0003	0.0003	0.0003	0.0002
3.5	0.0002	0.0002	0.0002	0.0002	0.0002	0.0002	0.0002	0.0002	0.0002	0.0002
3.6	0.0002	0.0002	0.0001	0.0001	0.0001	0.0001	0.0001	0.0001	0.0001	0.0001
3.7	0.0001	0.0001	0.0001	0.0001	0.0001	0.0001	0.0001	0.0001	0.0001	0.0001
3.8	0.0001	0.0001	0.0001	0.0001	0.0001	0.0001	0.0001	0.0001	0.0001	0.0001
3.9	0.0000	0.0000	0.0000	0.0000	0.0000	0.0000	0.0000	0.0000	0.0000	0.0000

参考文献

以下は，執筆にあたり参考にさせていただいた主な文献である．

[1] 石崎克也・渡辺美智子 (2018). 身近な統計，放送大学教育振興会.

[2] 久保川達也 (2017). 現代数理統計学の基礎，共立出版.

[3] 竹村彰通 (2020). 新装改訂版 現代数理統計学，学術図書出版社.

[4] 東京大学教養学部統計学教室 (1991). 統計学入門，東京大学出版会.

[5] 統計教育大学間連携ネットワーク (監修), 美添泰人・竹村彰通・宿久洋 (編集) (2017). 現代統計学，日本評論社.

[6] 中川重和 (2019). 正規性の検定，統計学 One Point 16，共立出版.

[7] 中田寿夫・内藤貫太 (2017). 確率・統計，学術図書出版社.

[8] 日本統計学会編 (2015). 改訂版 統計学基礎：日本統計学会公式認定統計検定2級対応，東京図書.

[9] 日本統計学会編 (2020). 改訂版 データの分析：日本統計学会公式認定統計検定3級対応，東京図書.

[10] 日本統計学会編 (2020). 統計学実践ワークブック：日本統計学会公式認定統計検定準1級対応，学術図書出版社.

[11] 橋口博樹 (2023). Python で学ぶ統計学入門，東京図書.

[12] 兵頭昌・中川智之・渡邉弘己 (2022). よくわかる! R で身につく統計学入門，共立出版.

[13] 間瀬茂・神保雅一・鎌倉稔成・金藤浩司 (2004). 工学のためのデータサイエンス入門–フリーな統計環境 R を用いたデータ解析–，数理工学社.

[14] 森裕一・黒田正博・足立浩平 (2017). 最小二乗法・交互最小二乗法，統計学 One Point 3，共立出版.

[15] 山本義郎 (2005). グラフの表現術，講談社.

[16] 涌井良幸・涌井貞美 (2015). 図解 使える統計学，KADOKAWA/中経出版.

索　引

た

な

は

ま

や

ら

わ

著者紹介

中川 重和	岡山理科大学教育推進機構 教授	(9 章, 11 章, 付録 A)
森　裕一	岡山理科大学経営学部 教授	(1 章, 6 章)
黒田 正博	岡山理科大学経営学部 教授	(5 章, 10 章, 付録 B, C)
柳 貴久男	岡山理科大学情報理工学部 准教授	(7 章, 8 章)
安田 貴徳	岡山理科大学教育推進機構 教授	(4 章, 付録 D)
大熊 一正	岡山理科大学教育推進機構 教授	(3 章)
小野 舞子	岡山理科大学教育推進機構 講師	(2 章)

データを読(よ)みとく

2023 年 9 月 10 日　第 1 版　第 1 刷　発行
2024 年 8 月 20 日　第 2 版　第 1 刷　印刷
2024 年 9 月 10 日　第 2 版　第 1 刷　発行

著　者　中 川 重 和
　　　　森　　裕 一
　　　　黒 田 正 博
　　　　柳 貴 久 男
　　　　安 田 貴 徳
　　　　大 熊 一 正
　　　　小 野 舞 子
発 行 者　発 田 和 子
発 行 所　株式会社 学術図書出版社

〒113−0033　東京都文京区本郷 5 丁目 4 の 6
TEL 03−3811−0889　振替　00110−4−28454
印刷　三美印刷 (株)

定価はカバーに表示してあります.

ISBN978−4−7806−1288−2　C3041